공부 기본기

초등수학 연산력

곱셈구구

남호영 지음 | 양민희 그림

북아이콘

이 책의 특징

1 공부는 무엇보다 기본기가 우선입니다.

운동선수에게 기초 체력이 중요하듯이, 공부하는 학생에게는 공부의 기본기가 무엇보다 중요합니다. 기초가 잘 닦여 있어야 응용도 가능하고, 실전력도 생기기 때문입니다. 이에 반해 기본기가 탄탄하지 못하면, 상황 변화에 따른 대응력이 떨어져 쉽게 흔들리게 됩니다. 국어, 수학, 영어 등 모든 과목 학습에 있어 튼튼한 기본기가 뒷받침되어야 하는 것입니다. 이러한 공부의 기본기를 갖추는 데는 시간이 걸리지만 궁극적으로는 훨씬 빨리 도달하는 지름길이며, 꼭 통과해야 하는 외나무다리인 것입니다.

2 연산력은 초등 학습의 기초 중의 기초입니다.

초등 수학을 하는데 있어서 가장 중요한 기본기의 하나가 연산력입니다. 수학은 논리적이고 체계적인 단계로 구성된 과목으로 무엇보다 기초가 중요합니다. 학문 자체가 인과관계 및 상관관계를 이해하고 점진적으로 실력을 쌓아 갈수록 흥미를 유발할 수 있는 특징을 내포하고 있어, 수학을 처음 접하게 되는 시점부터 올바른 정의와 개념을 정립하는 것이 중요합니다. 특히 수학은 논리적 사고력, 창의력, 추론능력 등을 향상시키는데 절대적인 과목으로, 수학의 기본기는 개념이해력, 연산력, 문제해결력, 사고력 등이라 할 수 있습니다. 따라서 수 체계가 정립되고, 개념이 확실히 서 있지 않으면 간단한 개념을 응용한 문제조차 어려움을 느끼고 다음 단계로 나아가기가 힘듭니다.

3 수학은 재미있게 익혀 흥미를 유지하는 것이 관건입니다.

수학은 어느 과정의 앞 단계에서 제대로 학습하지 않으면 다음 단계를 학습하는 것이 매우 어렵고, 한번 흥미를 잃으면 좀처럼 제자리를 찾기도 어렵습니다. 따라서 수학 공부를 잘 하기 위해서는 재미있게 배우는 것이 중요합니다. 수학은 어떻게 배우느냐에 따라 친근감, 흥미도 등이 달라지기 때문입니다. 특히 변화된 수학 교육과정은 수학적 논리력과 창의적인 사고력을 중시합니다. 학교 시험에서 출제 비중이 커지는 서술형 문항은 개념과 원리를 정확히 이해하지 않으면 풀기 힘듭니다. 이에 반해 기초가 튼튼한 아이들은 문제가 어려워질수록 빛을 발합니다. 이 책은 놀이 형식으로 구성되어 있어 어렵고 지루할 수 있는 수학의 재미를 느끼게 해 줍니다.

4 수학의 개념과 원리가 자연스럽게 스며들도록 구성하였습니다.

이 책은 수학의 기본이 되는 곱셈구구에 대한 학습을 재미있게 할 수 있도록 구성하였습니다. 수학의 재미를 느끼고 생각하는 힘을 기를 수 있도록 단순히 반복적인 계산 방식이 아닌 생활에서 주어지고 활용할 수 있는 각종 이미지들과 간결한 설명을 통해 자연스럽게 개념을 이해하고 문제해결력을 기를 수 있도록 하였습니다. 문제를 나열한 듯 보이지만 개념이 만들어지는 문제 상황을 친근한 소재와 학습자의 인지 발달 수준에 맞게 구성하고, 문제의 난이도와 형태를 정교하게 배열하여 수학의 개념과 원리가 자연스럽게 스며들도록 한 것입니다.
또한 개정된 새 교육과정의 핵심인 스토리텔링 학습과 융합인재교육(STEAM)이 이루어질 수 있도록 실생활과의 연계성을 강화한 문제, 통합교과 내용과 접목된 문제 등을 통하여 개념과 원리를 폭넓게 익힐 수 있도록 하였습니다.

이 책의 구성

1 단계

원리 학습

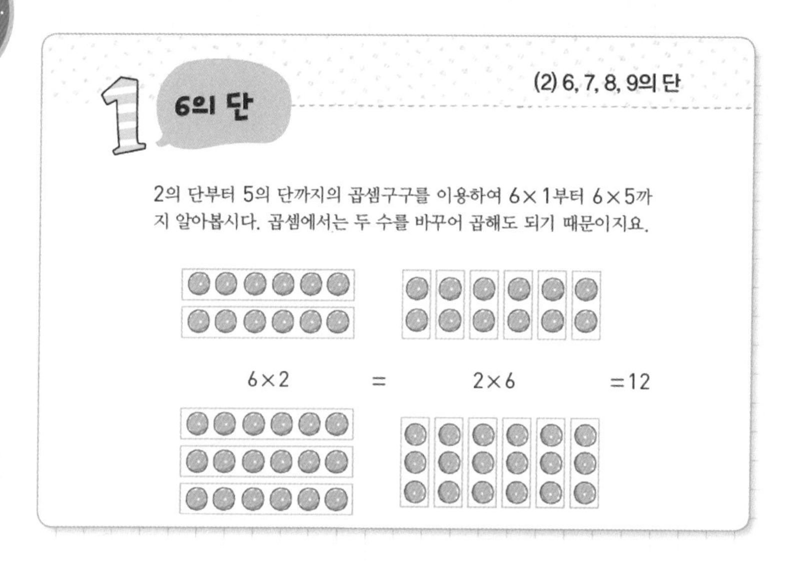

1 6의 단 (2) 6, 7, 8, 9의 단

2의 단부터 5의 단까지의 곱셈구구를 이용하여 6×1부터 6×5까지 알아봅시다. 곱셈에서는 두 수를 바꾸어 곱해도 되기 때문이지요.

6×2 = 2×6 =12

친근한 소재의 이미지와 결합된 간결한 설명으로 자연스럽게 원리를 이해하고, 원리에서 방법을 이끌어 냅니다. 묶어 세기와 뛰어 세기, 그림으로 나타내기, 빈칸 채우기 등 다양한 방법으로 놀이같이 즐거운 학습이 이루어집니다.

익힘 학습

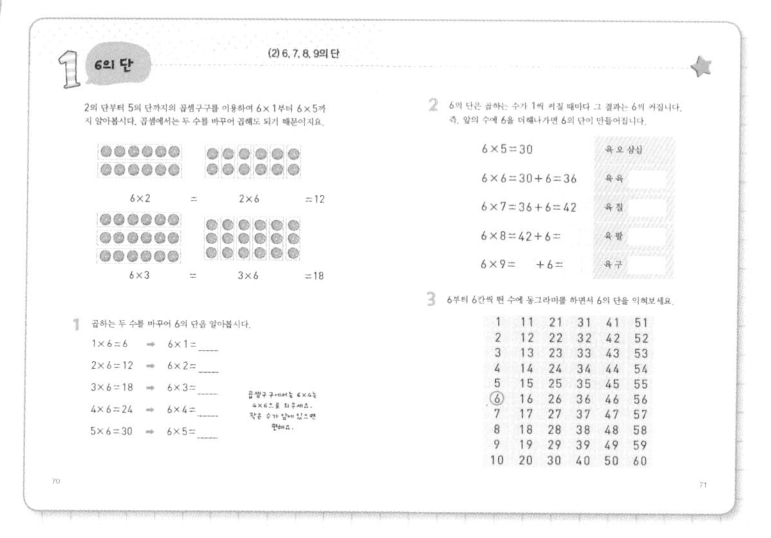

1 6의 단 (2) 6, 7, 8, 9의 단

2의 단부터 5의 단까지의 곱셈구구를 이용하여 6×1부터 6×5까지 알아봅시다. 곱셈에서는 두 수를 바꾸어 곱해도 되기 때문이지요.

6×2 = 2×6 =12

6×3 = 3×6 =18

1 곱하는 두 수를 바꾸어 6의 단을 알아봅시다.

1×6=6 ➡ 6×1=____

2×6=12 ➡ 6×2=____

3×6=18 ➡ 6×3=____

4×6=24 ➡ 6×4=____

5×6=30 ➡ 6×5=____

곱셈구구에서는 6×4는 4×6으로 외우세요. 작은 수가 앞에 있으면 편해요.

70

2 6의 단은 곱하는 수가 1씩 커질 때마다 그 결과는 6씩 커집니다. 즉, 앞의 수에 6을 더해나가면 6의 단이 만들어집니다.

6×5=30 육 오 삼십

6×6=30+6=36 육 육

6×7=36+6=42 육 칠

6×8=42+6= 육 팔

6×9= +6= 육 구

3 6부터 6칸씩 뛴 수에 동그라미를 하면서 6의 단을 익혀보세요.

1	11	21	31	41	51
2	12	22	32	42	52
3	13	23	33	43	53
4	14	24	34	44	54
5	15	25	35	45	55
⑥	16	26	36	46	56
7	17	27	37	47	57
8	18	28	38	48	58
9	19	29	39	49	59
10	20	30	40	50	60

71

단계1에서 제시한 방법대로, 간단한 문제부터 차례대로 따라하면서 원리와 방법을 익힙니다. 문제의 난이도와 형태를 정교하게 배열하여 개념이 녹아듭니다.

3
단계

연습문제와 숫자놀이

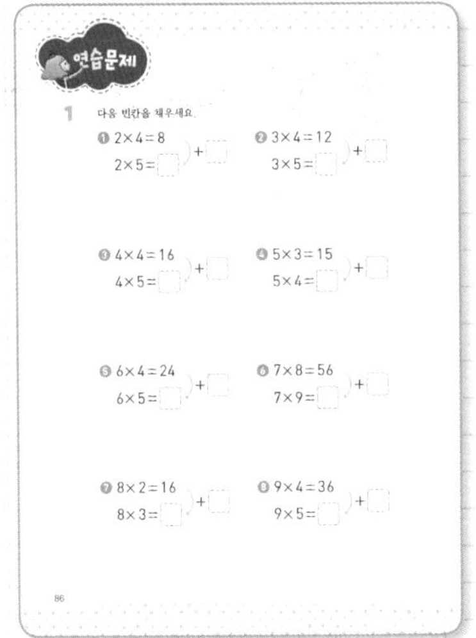

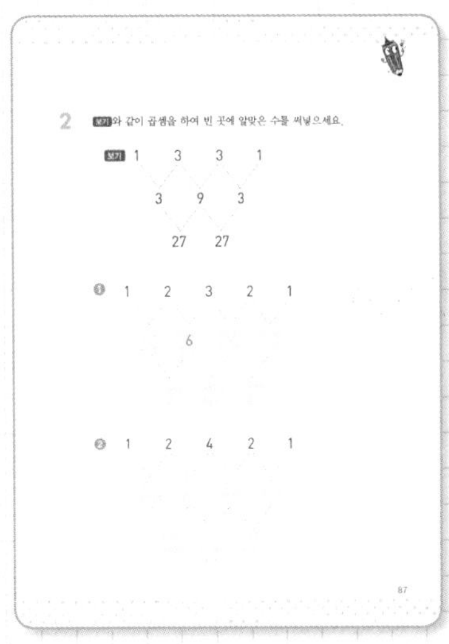

단계2에서 익힌 원리와 방법을 다양한 연습문제를 통해 다집니다.
또 '숫자놀이'에서는 숫자와 연관된 퀴즈를 풀며 연산에 대한 적응력과 창의력을 기를 수 있습니다. 특히 '연습문제'와 '숫자놀이'에서는 실생활과 연계된 스토리텔링 문제, 통합교과 내용과 접목된 문제 등을 삽화와 함께 구성하여 융합적인 사고력이 길러질 수 있도록 하였습니다.

4
단계

부록

도전! 곱셈구구 급수 문제

곱셈구구 5B급 맞은 개수 /10

1. 5+5+5+5 = 5 × ___
2. 2+2+2+2+2 = 2 × ___
3. 8+8+8 = 8 × ___
4. 9+9+9+9+9+9 = 9 × ___
5. 6+6+6+6+6+6+6 = 6 × ___
6. 4+4+4+4+4+4+4+4 = 4 × ___
7. 3+3 = 3 × ___
8. 1+1+1+1+1 = 1 × ___
9. 7+7+7+7+7+7 = 7 × ___
10. 4+4+4+4+4 = 4 × ___

148

곱셈구구 5A급 맞은 개수 /10

보기 3 × 5 = 3+3+3+3+3

1. 7 × 2 = 7+ ___
2. 5 × 3 = 5+ ___
3. 3 × 4 = 3+ ___
4. 6 × 4 = 6+ ___
5. 6 × 5 = 6+ ___
6. 7 × 6 = 7+ ___
7. 3 × 6 = 3+ ___
8. 5 × 7 = 5+ ___
9. 9 × 8 = 9+ ___
10. 4 × 9 = 4+ ___

149

실력을 점검해 볼 수 있도록 스스로 연산 능력을 측정하는 평가지를 제공합니다.

이 책의 차례

곱셈은요

곱셈구구를 외워요

곱셈구구 뛰어넘기

96~131쪽

정답 132~146쪽

부록

도전! 곱셈구구 급수 문제 147~159쪽

연습문제

1 곱셈은요

이 많은 사탕들을
언제 다 세지??
이렇게 몇 개씩
묶어 세면 쉽고 빠르게
셀 수 있어~.
냠냠

묶어 세기

물건이 몇 개인지 셀 때는 하나씩 세어나가는 것보다 몇 개 단위로 묶어서 세면 더 편리합니다.

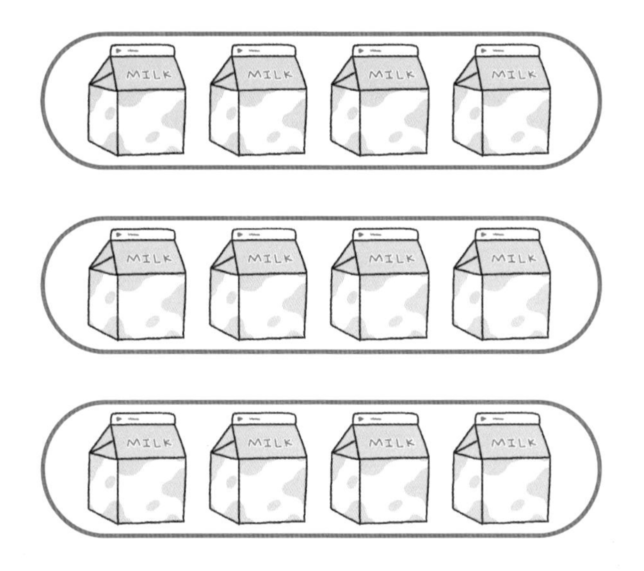

'4개씩 3줄'로 놓인 우유는 '4개씩 3묶음'으로, 4+4+4=12개입니다.

곱셈이란

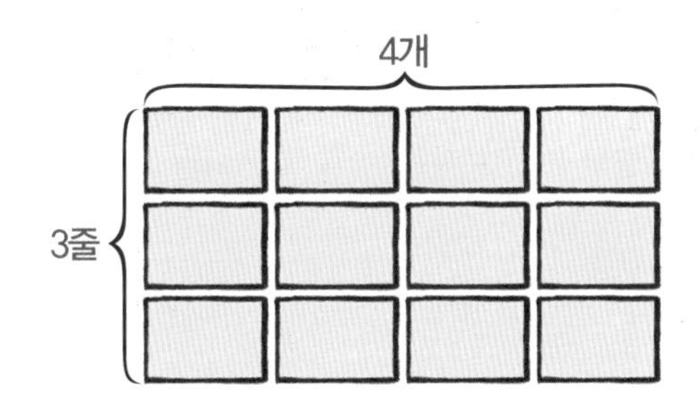

4개씩 3줄
4개씩 3묶음
즉, 4+4+4=12를
4×3으로 나타냅니다.
4를 세 번 더했다는 뜻이지요.

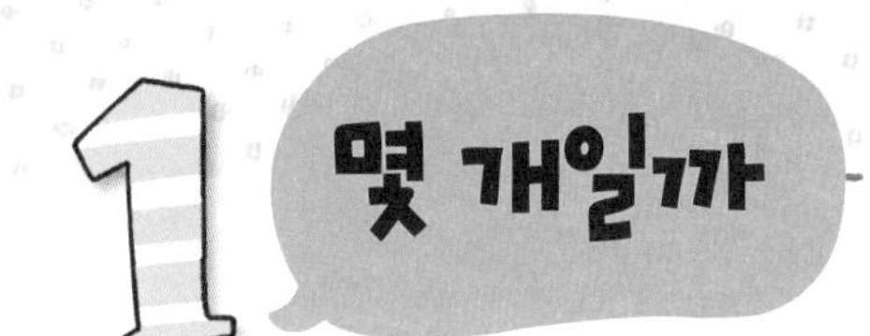

교실 탁자 위에 새학기에 아이들에게 나누어줄 학용품들이 쌓여 있어요.
모두 몇 개씩인지 세어 보세요.

1 공책은 ____ 권입니다.

2 자는 ____ 개입니다.

3 지우개는 ____ 개입니다.

4 연필은 ____ 자루입니다.

공책이 몇 권인지, 연필이 몇 자루인지 쉽게 셀 수 있도록 똑같은 개수만큼씩 정리를 했어요. 이제 탁자 위에 있는 물건들이 몇 개씩인지 알아봅시다. 일일이 세지 말고 간단한 방법으로 알아보세요.

보기 공책은 $8+8+8=24$권입니다.

5 자는 □ + □ + □ + □ = □ 개입니다.

6 지우개는 □ + □ + □ + □ + □ + □ = □ 개입니다.

7 연필은 □ + □ + □ + □ + □ + □ + □ + □ = □ 자루입니다.

2 묶어 세기

물건이 몇 개인지 셀 때는 하나씩 세어나가는 것보다 몇 개 단위로 묶어서 세면 더 편리합니다.

보기 우유는 4개씩 3줄로 놓여 있습니다.
우유는 4+4+4=12개입니다.

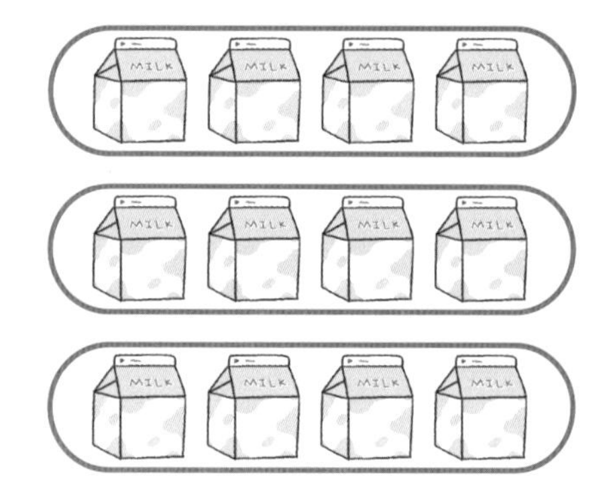

가로를 기준으로 '4개씩 3줄'로 세기로 해요.

1 탬버린은 □+□+□+□=□개입니다.

2 우산은 □+□+□+□=□개입니다.

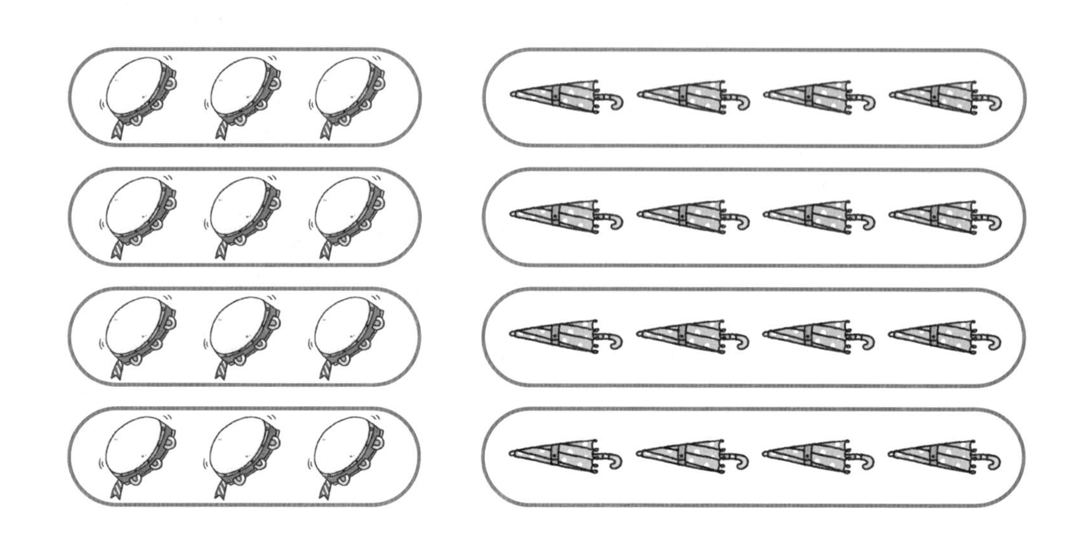

3 다음 그림에서 사탕은 몇 개인가요?

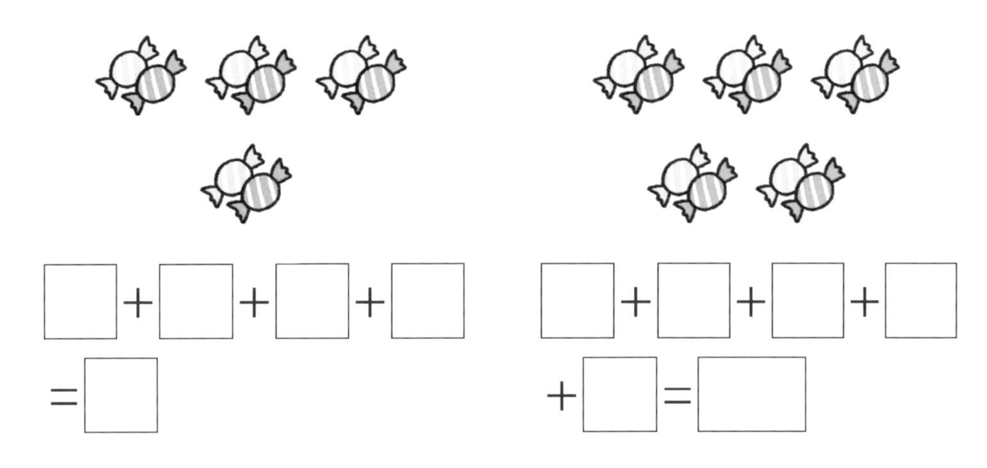

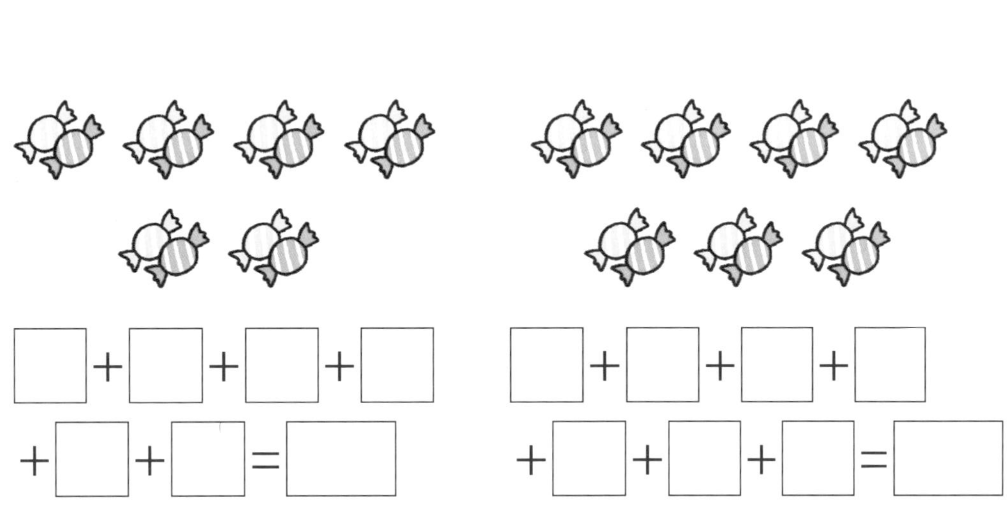

4 다음 그림에서 과자는 몇 개인가요?

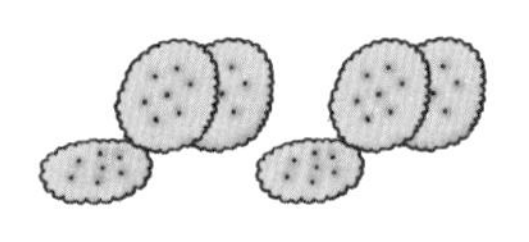

과자를 3개씩
묶어서 세요.

□ + □ = □

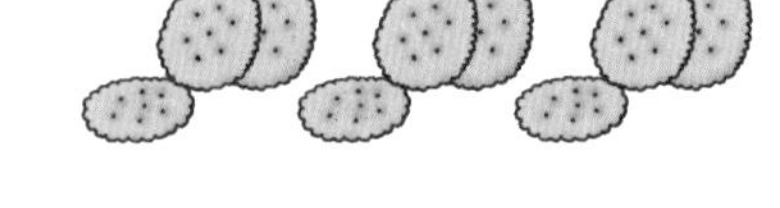

□ + □ + □ = □

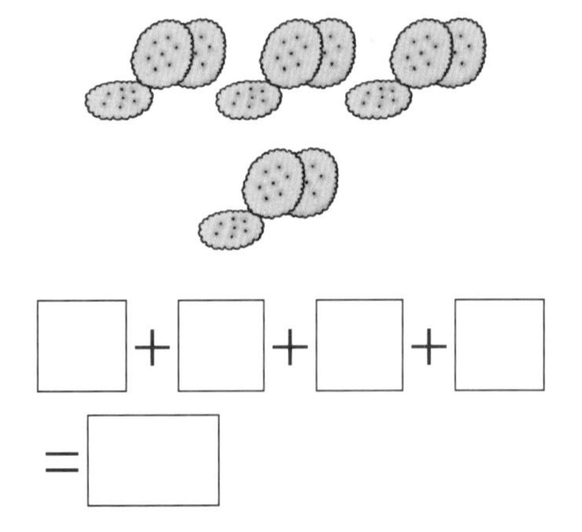

□ + □ + □ + □
= □

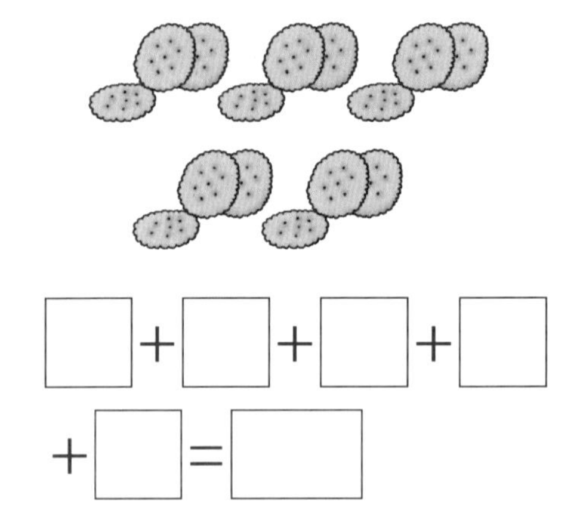

□ + □ + □ + □
+ □ = □

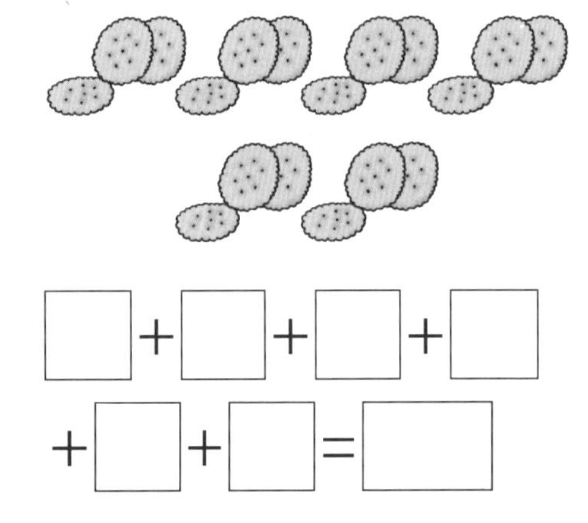

□ + □ + □ + □
+ □ + □ = □

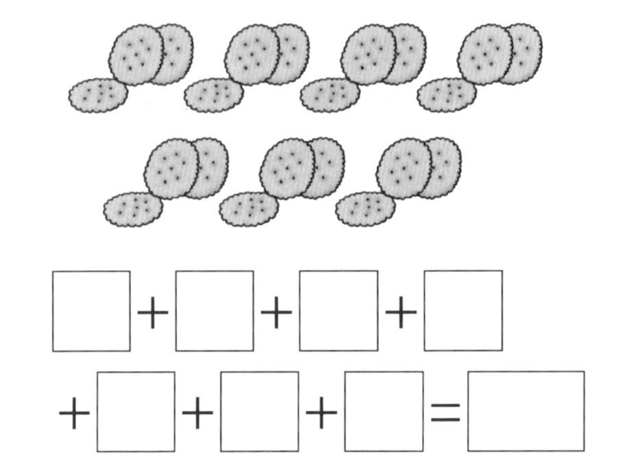

□ + □ + □ + □
+ □ + □ + □ = □

5 다음 그림에서 김밥은 몇 개인가요?

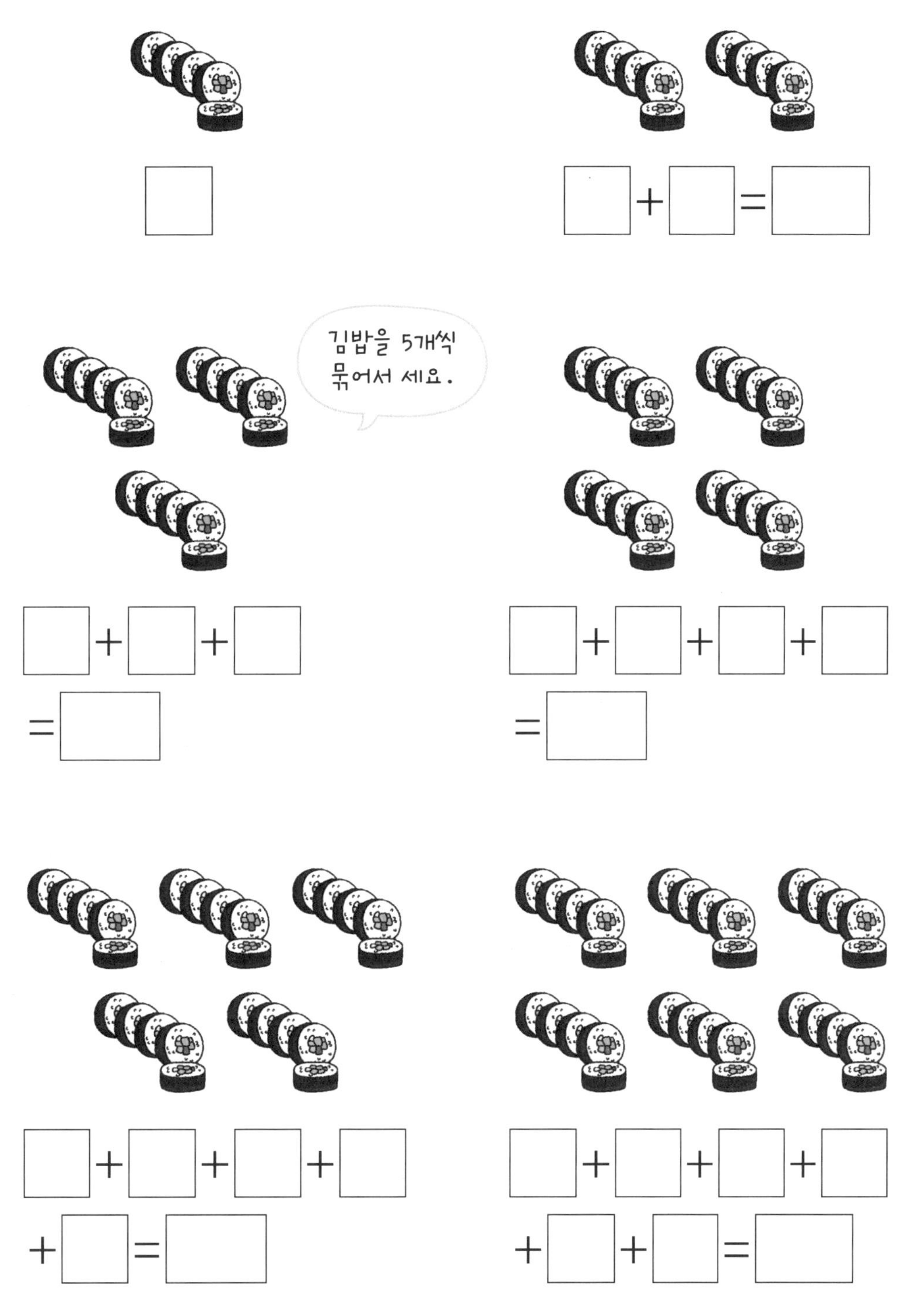

□

□ + □ = □

□ + □ + □
= □

□ + □ + □ + □
= □

□ + □ + □ + □
+ □ = □

□ + □ + □ + □
+ □ + □ = □

묶음은 결국 뛰어 세기

몇 개씩 묶여 있는 물건의 개수를 세려면 묶음 단위만큼 뛰어 세기를 하면 됩니다.

보기 젓가락이 1벌 있으면 젓가락은 2개, 젓가락이 2벌 있으면 젓가락은 4개, 젓가락이 3벌 있으면 젓가락은 6개입니다. 이와 같이 젓가락은 개수를 셀 때 2, 4, 6, 8로 2씩 뛰어 세면 됩니다.

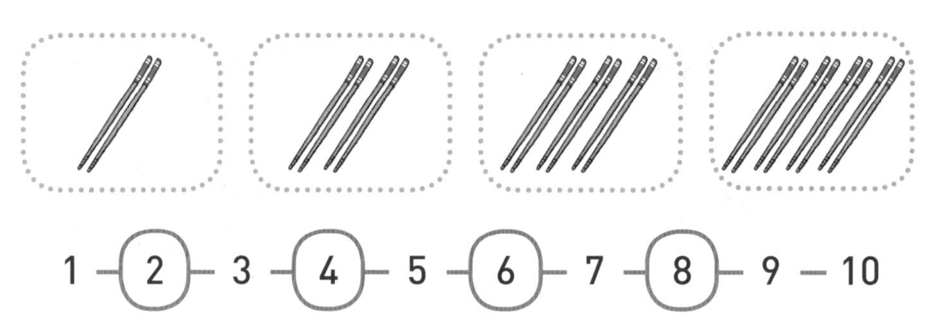

1 옷걸이 한 묶음에는 옷걸이가 5개씩 묶여 있어요. 옷걸이가 3묶음 있다면 옷걸이는 모두 몇 개 있을까요? 뛰어 세어 보세요.

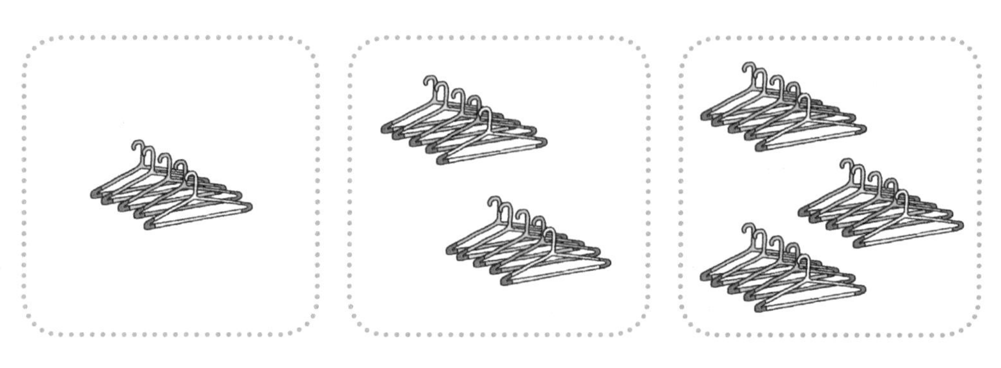

1 – 2 – 3 – 4 – 5 – 6 – 7 – 8 – 9 – 10 –

11 – 12 – 13 – 14 – 15

2 과자가 한 상자에 8개씩 들어 있어요. 과자가 3상자 있다면 과자는 모두 몇 개 있을까요? 뛰어 세어 보세요.

1 — 2 — 3 — 4 — 5 — 6 — 7 — 8 — 9 — 10 —

11 — 12 — 13 — 14 — 15 — 16 — 17 — 18 — 19 — 20 —

21 — 22 — 23 — 24

3 생일축하 풍선 한 묶음에는 풍선이 4개씩 달려 있어요. 풍선이 4묶음 있다면 풍선은 모두 몇 개 있을까요? 뛰어 세어 보세요.

1 — 2 — 3 — 4 — 5 — 6 — 7 — 8 — 9 — 10 —

11 — 12 — 13 — 14 — 15 — 16

4 수건 한 상자에는 수건이 4장씩 들어 있어요. 수건이 5상자 있다면 수건은 모두 몇 개 있을까요? 뛰어 세어 보세요.

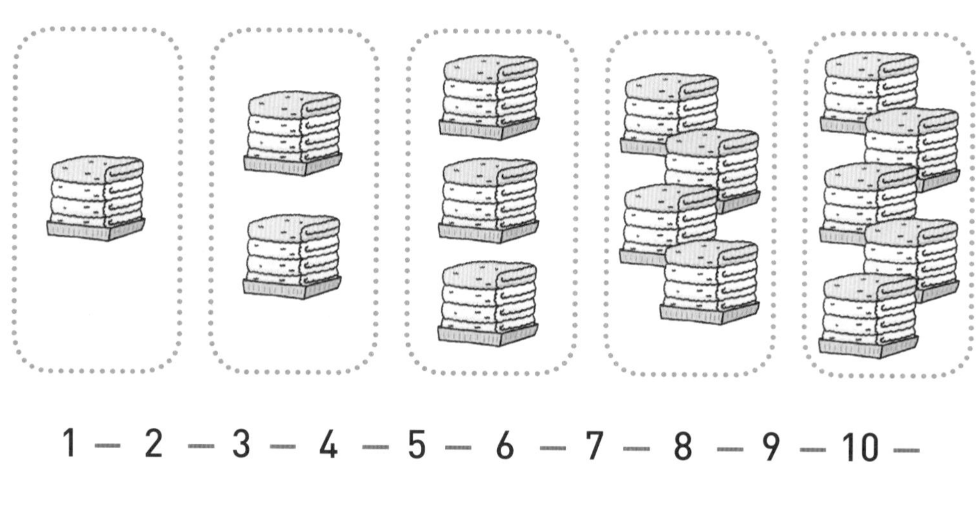

1 — 2 — 3 — 4 — 5 — 6 — 7 — 8 — 9 — 10 —

11 — 12 — 13 — 14 — 15 — 16 — 17 — 18 — 19 — 20

5 한 봉지에 마늘빵이 5개씩 들어 있어요. 마늘빵이 4봉지 있다면 마늘빵은 모두 몇 개 있을까요? 뛰어 세어 보세요.

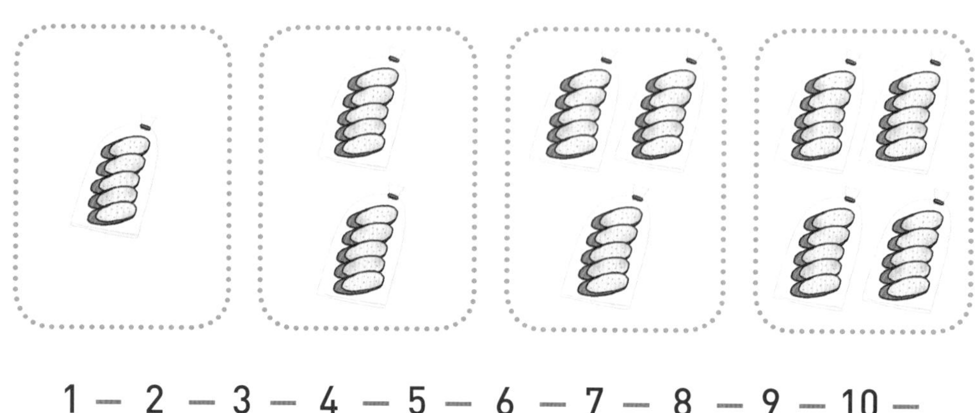

1 — 2 — 3 — 4 — 5 — 6 — 7 — 8 — 9 — 10 —

11 — 12 — 13 — 14 — 15 — 16 — 17 — 18 — 19 — 20

6 초콜릿 한 상자에는 초콜릿이 3개씩 들어 있어요. 초콜릿이 4상자 있다면 초콜릿은 모두 몇 개 있을까요? 뛰어 세어 보세요.

1 — 2 — 3 — 4 — 5 — 6 — 7 — 8 — 9 — 10 —

11 — 12

7 오븐에서 나온 빵 쟁반 한 개에는 빵이 6개씩 놓여 있어요. 빵 쟁반이 4개 있다면 빵은 모두 몇 개 있을까요? 뛰어 세어 보세요.

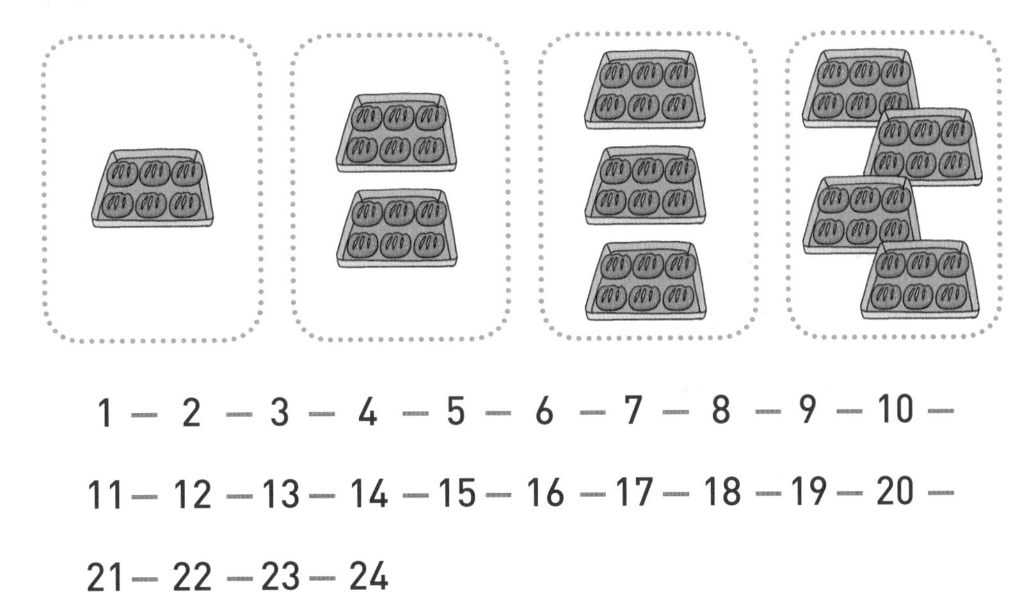

1 — 2 — 3 — 4 — 5 — 6 — 7 — 8 — 9 — 10 —

11 — 12 — 13 — 14 — 15 — 16 — 17 — 18 — 19 — 20 —

21 — 22 — 23 — 24

연필이 3자루씩 꽂혀 있는 통이 4개 있습니다.
연필은 3자루씩 4묶음 있습니다.
3씩 4묶음은 3의 4배라고 합니다.
3의 4배는 3+3+3+3=12입니다.

1

연필이 ____ 자루씩 ____ 통

➡ 5씩 ____ 묶음

➡ 5의 ____ 배

➡ 5의 ____ 배는 5+5=10입니다.

2

체리가 ____ 개씩 5묶음

➡ ____ 씩 5묶음

➡ ____ 의 5배

➡ ____ 의 5배는 ____ + ____ + ____ + ____ + ____ =10입니다.

3

귤이 ____ 개씩 4접시

➡ ____ 씩 4묶음

➡ ____ 의 4배

➡ ____ 의 4배는 ____ + ____ + ____

+ ____ = 12입니다.

4

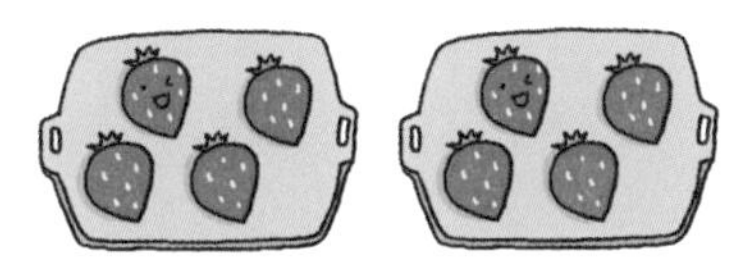

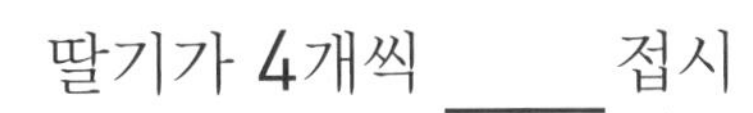

딸기가 4개씩 ____ 접시

➡ 4씩 ____ 묶음

➡ 4의 ____ 배

➡ 4의 ____ 배는 4+4+4+4+4+4

= ____ 입니다.

5

토마토가 ____ 개씩 4바구니

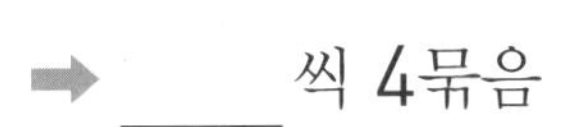

➡ ____ 씩 4묶음

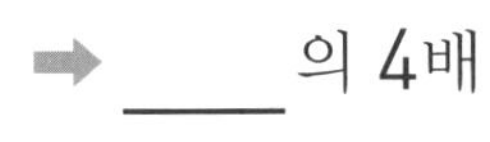

➡ ____ 의 4배

➡ ____ 의 4배는 ____ + ____ + ____

+ ____ = 20입니다.

2 몇 배는 곱셈

2개씩 4묶음이 있으면 2의 4배입니다.
이것을 2×4라고 하고 2 곱하기 4라고 읽습니다.
$2\times4=2+2+2+2=8$입니다.

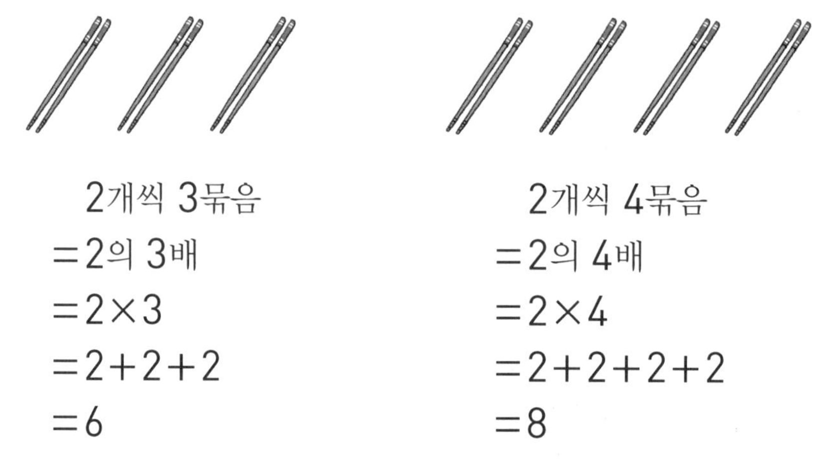

2개씩 3묶음
=2의 3배
$=2\times3$
$=2+2+2$
$=6$

2개씩 4묶음
=2의 4배
$=2\times4$
$=2+2+2+2$
$=8$

1 옷걸이 한 묶음에는 옷걸이가 5개씩 묶여 있어요. 옷걸이가 3묶음 있을 때, 옷걸이 개수를 여러 가지 방법으로 나타내 보세요.

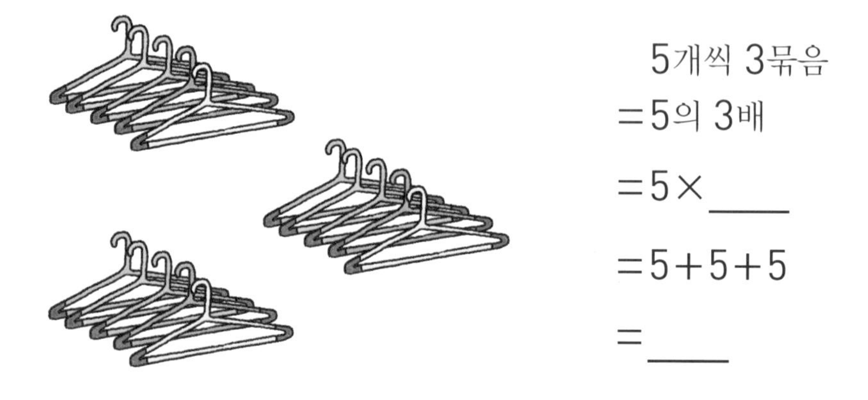

5개씩 3묶음
=5의 3배
$=5\times$____
$=5+5+5$
=____

2 과자가 한 상자에 8개씩 들어 있어요. 상자가 3개 있을 때, 과자 개수를 여러 가지 방법으로 나타내 보세요.

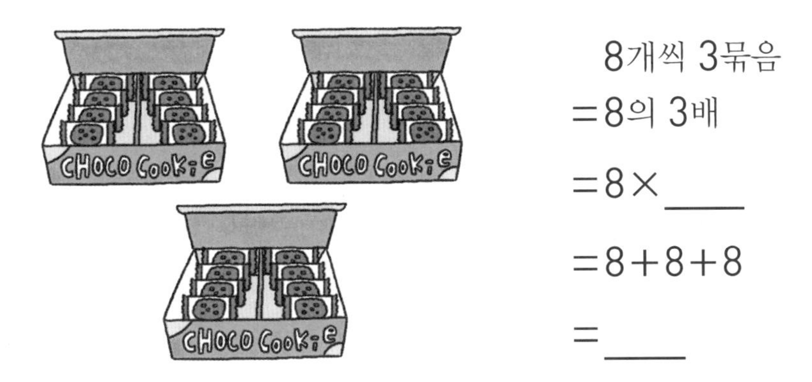

8개씩 3묶음
=8의 3배
=8×____
=8+8+8
=____

3 생일축하 풍선 한 묶음에는 풍선이 4개씩 달려 있어요. 풍선이 4묶음 있을 때, 풍선 개수를 여러 가지 방법으로 나타내 보세요.

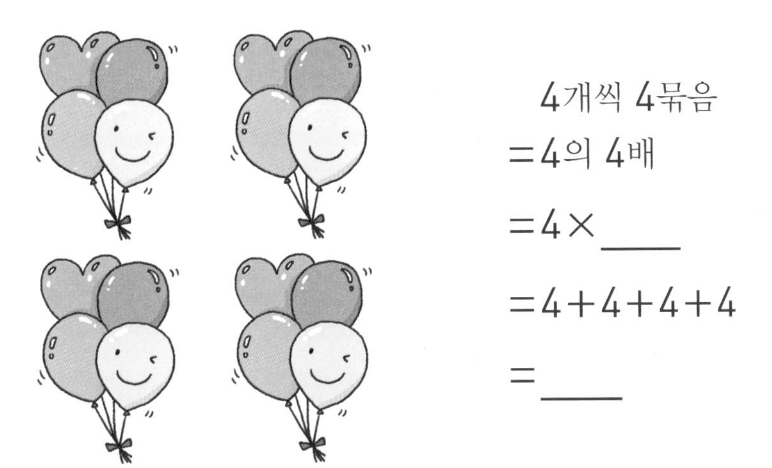

4개씩 4묶음
=4의 4배
=4×____
=4+4+4+4
=____

4 수건 한 상자에는 수건이 4장씩 들어 있어요. 수건 상자가 5개 있을 때, 수건 개수를 여러 가지 방법으로 나타내 보세요.

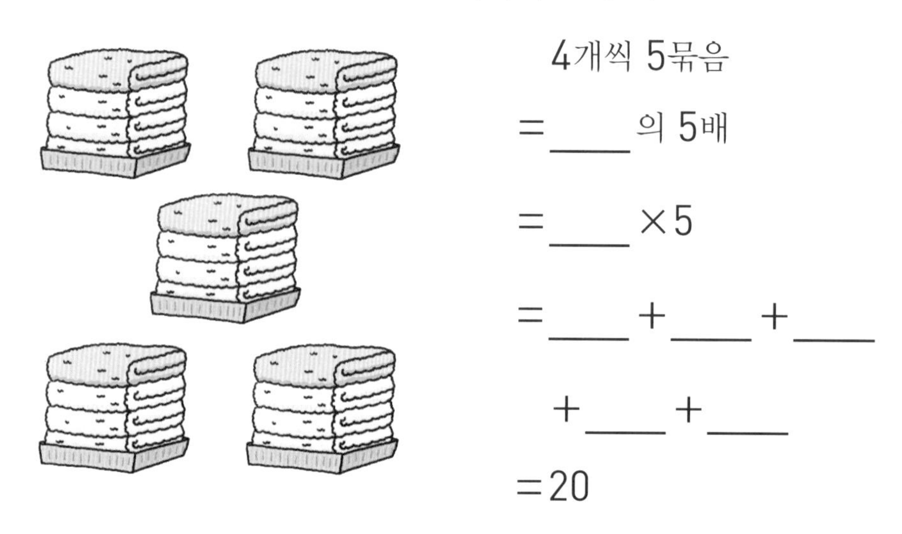

4개씩 5묶음

= ____ 의 5배

= ____ ×5

= ____ + ____ + ____

+ ____ + ____

=20

5 한 봉지에 마늘빵이 5개씩 들어 있어요. 마늘빵 봉지가 4개 있을 때, 마늘빵 개수를 여러 가지 방법으로 나타내 보세요.

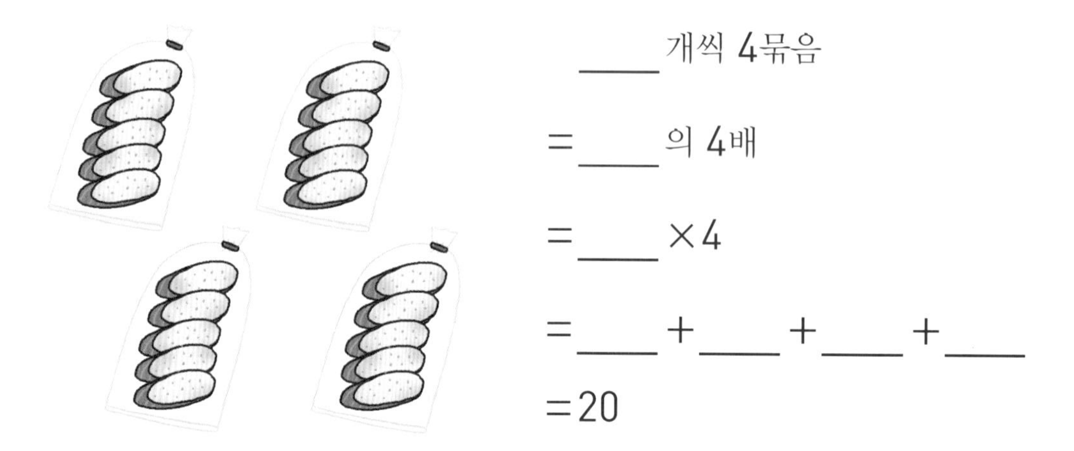

____ 개씩 4묶음

= ____ 의 4배

= ____ ×4

= ____ + ____ + ____ + ____

=20

6 초콜릿 한 상자에는 초콜릿이 3개씩 들어 있어요. 초콜릿 상자가 5개 있을 때, 초콜릿 개수를 여러 가지 방법으로 나타내 보세요.

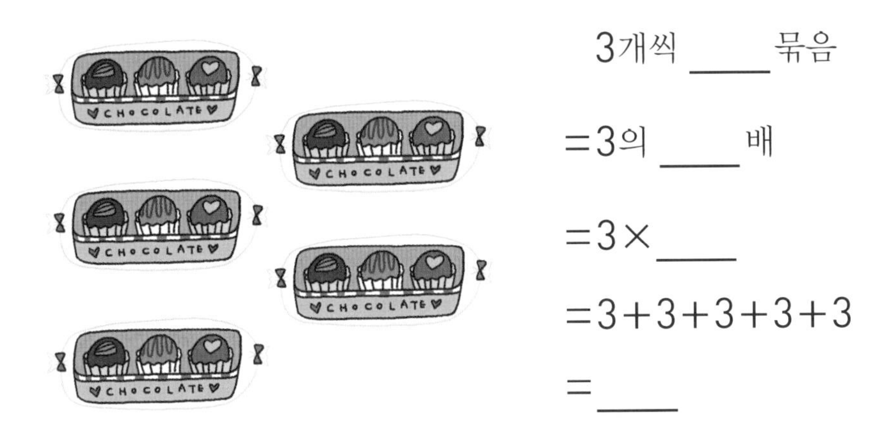

3개씩 ____ 묶음

=3의 ____ 배

$=3\times$ ____

$=3+3+3+3+3$

= ____

7 오븐에서 나온 빵 쟁반 한 개에는 빵이 6개씩 놓여 있어요. 빵 쟁반이 4개 있을 때, 빵 개수를 여러 가지 방법으로 나타내 보세요.

____ 개씩 4묶음

= ____ 의 4배

= ____ $\times 4$

= ____ + ____ + ____ + ____

$=24$

3 곱셈식을 묶음으로

곱셈식을 그림으로 그려서 곱셈의 뜻을 알아두세요.

3×2 ➡ 3개씩 2묶음

➡ 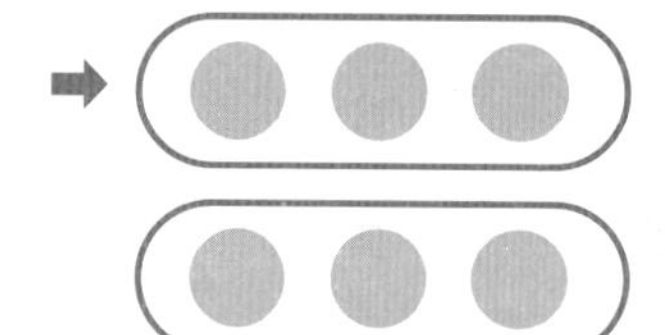

➡ $3\times2=3+3=6$

3을 2번 더해요.

1 3×3 ➡ 3개씩 ____ 묶음

➡ 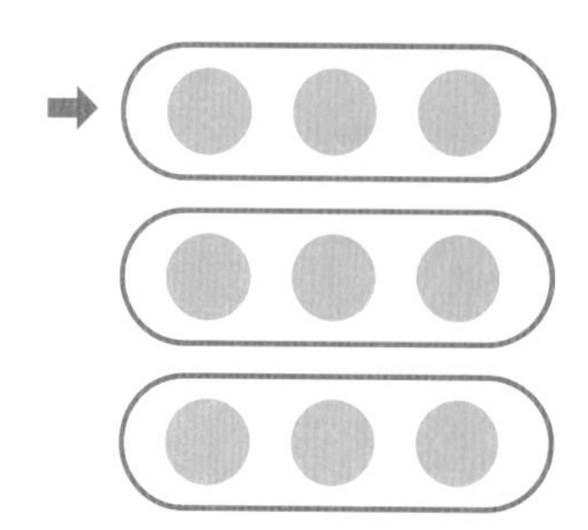

➡ $3\times$ ____ $=3+3+3=$ ____

2 4×2 ➡ 4개씩 ____ 묶음

➡ $4\times$ ____ $=4+4=$ ____

3 2×3 ➡ 2개씩 ____ 묶음

➡ 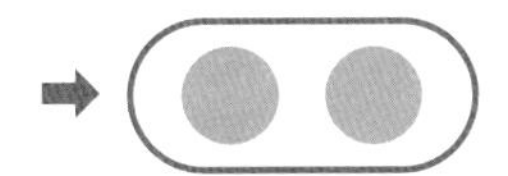

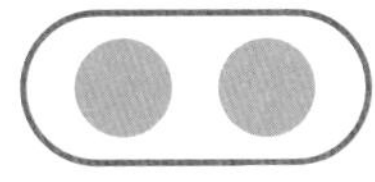

➡ 2×____ =2+2+2=____

4 5×2 ➡ ____ 개씩 ____ 묶음

➡ 2×____ =5+5=____

5를 2번 더해요.

5 4×3 ➡ 4개씩 ____ 묶음

➡ 4×____ =4+4+4=____

6 3×4 ➡ 3개씩 ____ 묶음

➡ 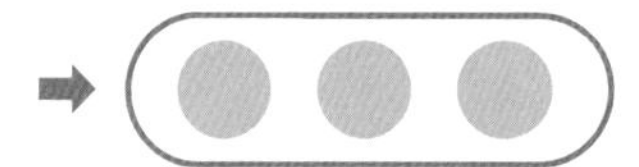

➡ 3× ____ =3+3+3+3= ____

한 묶음 안에 3개씩 들어있어요.

7 3×5 ➡ 3개씩 ____ 묶음

➡ 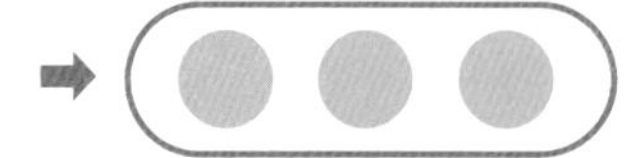

➡ 3× ____ =3+3+3+3+3= ____

8 2×5 ➡ 2개씩 ____ 묶음

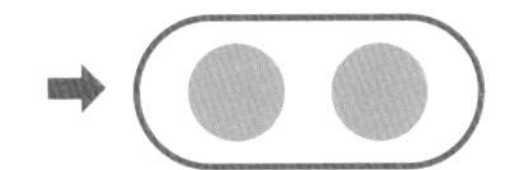

➡ 2× ____ =2+2+2+2+2= ____

└···➡ 한 묶음 안에 2개씩 들어있어요.

9 2×6 ➡ 2개씩 ____ 묶음

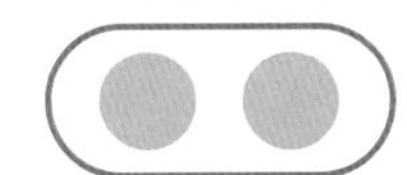

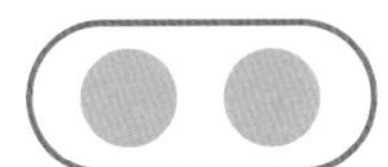

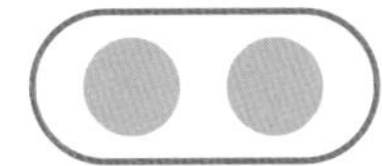

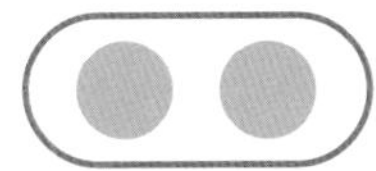

➡ 2× ____ =2+2+2+2+2+2= ____

4 여러 줄은 곱셈식으로

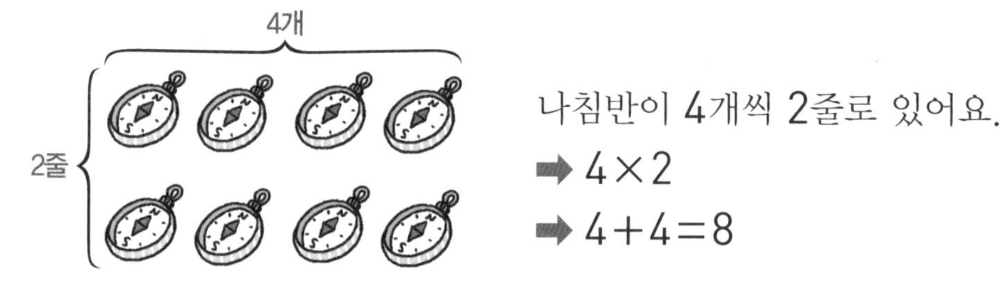

나침반이 4개씩 2줄로 있어요.

➡ 4×2

➡ $4+4=8$

1

낙타 그림이 3개씩 2줄

➡ $3 \times$ ____

➡ $3+3=$ ____

2

사자 그림이 3개씩 3줄

➡ $3 \times$ ____

➡ $3+3+3=$ ____

3

고양이 그림이 3개씩 4줄

➡ $3\times$____

➡ $3+3+3+3=$____

4

무당벌레 그림이 5개씩 2줄

➡ $5\times$____

➡ $5+5=$____

5

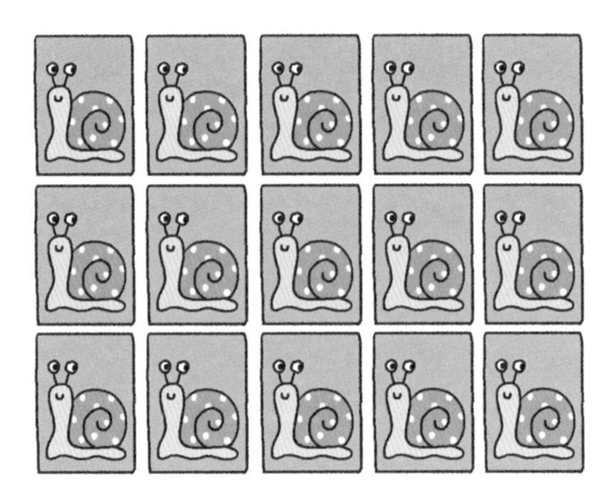

달팽이 그림이 5개씩 3줄

➡ $5\times$____

➡ $5+5+5=$____

6

사각형은 4개씩 2줄

➡ $4\times$ ____

➡ $4+4=$ ____(개)

4개씩 2줄 있는 사각형을 '4×2 직사각형'이라고 해요. 사각형은 모두 8개입니다.

7

사각형은 4개씩 3줄

➡ $4\times$ ____

➡ $4+4+4=$ ____(개)

8

사각형은 4개씩 5줄

➡ $4\times$ ____

➡ $4+4+4+4+4=$ ____(개)

9

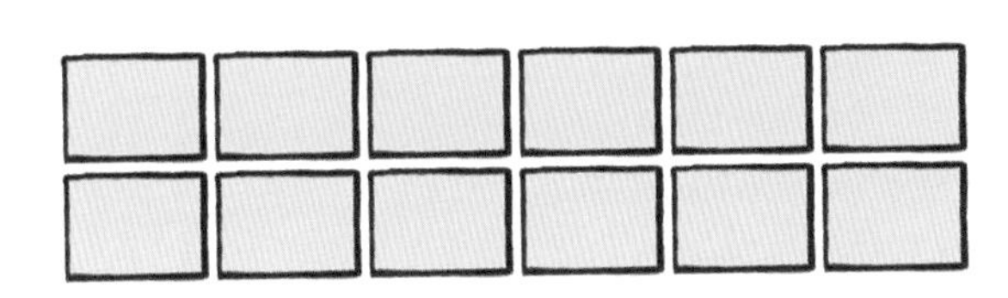

사각형은 6개씩 ____ 줄

➡ 6×____

➡ 6+6=____(개)

10

사각형은 6개씩 ____ 줄

➡ 6×____

➡ 6+6+6=____(개)

'6×3 직사각형'입니다.
사각형은 모두 18개입니다.

11

사각형은 6개씩 ____ 줄

➡ 6×____

➡ 6+6+6+6=____(개)

하마 그림 카드 12장을 6장씩 묶으면 2묶음이므로

$6 \times 2 = 6 + 6 = 12$(장)

하마 그림 카드 12장을 2장씩 묶으면 6묶음이므로

$2 \times 6 = 2 + 2 + 2 + 2 + 2 + 2 = 12$(장)

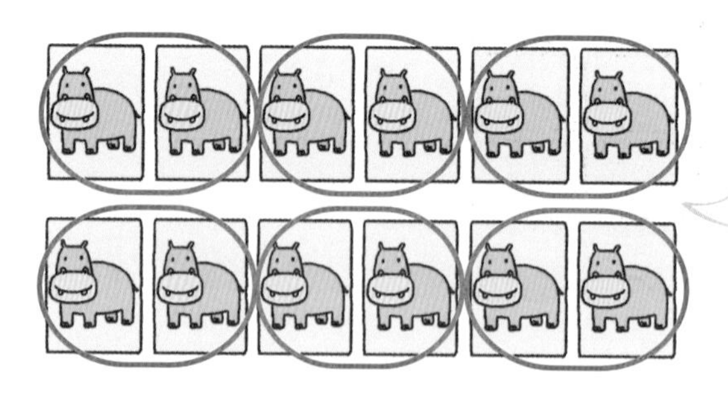

6장씩 묶을 수도 있고
2장씩 묶을 수도 있어요.
어떻게 묶어도 12장이라는 건
변하지 않아요.

1 곰 그림 카드 12장을 3장씩 묶으면 4묶음이므로

$3 \times$ ____ $= 3 + 3 + 3 + 3 = 12$(장)

2 곰 그림 카드 12장을 4장씩 묶으면 3묶음이므로

$4\times$ ____ $=$ ____ $+$ ____ $+$ ____ $=12$(장)

3 코끼리 그림 카드 10장을 2장씩 묶으면 ____ 묶음이므로

$2\times$ ____ $=2+2+2+2+2=$ ____ (장)

4 코끼리 그림 카드 10장을 5장씩 묶으면 ____ 묶음이므로

$5\times$ ____ $=$ ____ $+$ ____ $=10$(장)

◎ 축구공을 묶어서 세어 봅시다.

5 5개씩 묶어서 세어 보세요.

5개 ____ 묶음=5× ____ =5+5+5+5= ____

묶는 개수에 따라 곱셈식이 달라져요.

6 10개씩 묶어서 세어 보세요.

10개 ____ 묶음=10× ____ =10+10= ____

7 4개씩 묶어서 세어 보세요.

4개 ____ 묶음=4× ____ =4+4+4+4+4= ____

야구공을 묶어서 세어 봅시다.

8 4개씩 묶어서 세어 보세요.

4개 ____ 묶음＝4× ____ ＝4＋4＋4＋4＋4＋4＝____

9 6개씩 묶어서 세어 보세요.

6개 ____ 묶음＝6× ____ ＝6＋6＋6＋6＝____

10 8개씩 묶어서 세어 보세요.

8개 ____ 묶음＝8× ____ ＝8＋8＋8＝____

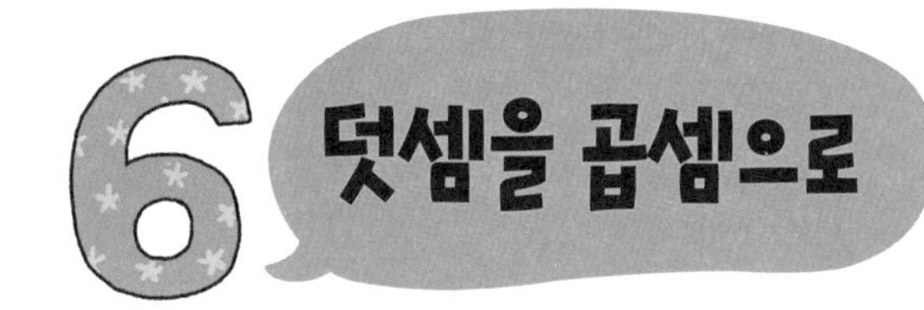

6 덧셈을 곱셈으로

같은 수를 여러 번 더하는 것은 곱셈으로 나타내면 간단합니다.

$2+2+2 = 2\times3$ (2를 3번 더함)

$5+5+5+5 = 5\times4$ (5를 4번 더함)

1 $3+3=3\times$ ____ = ____

2번 더함

곱셈은 같은 수의 덧셈을 간단하게 나타내는 방법이에요. 2+3+4+5처럼 다른 수들의 덧셈은 덧셈 그대로 둡니다.

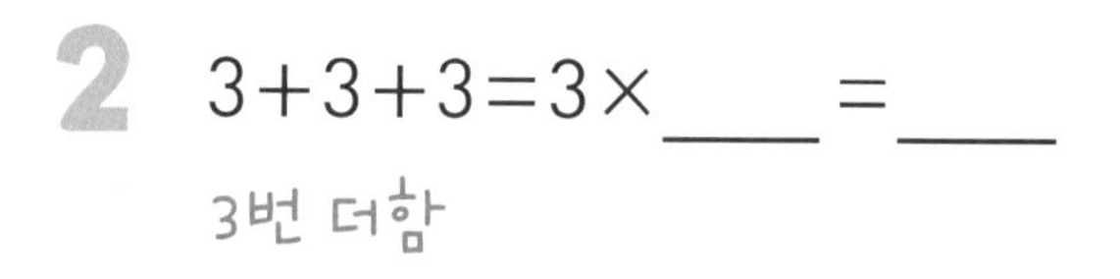

2 $3+3+3=3\times$ ____ = ____

3번 더함

3 $3+3+3+3=3\times$ ____ = ____

4번 더함

4 $3+3+3+3+3=3\times$ ____ = ____

5번 더함

5 $4+4+4=4\times$ ____ $=$ ____

□번 더함

6 $4+4+4+4+4=4\times$ ____ $=$ ____

□번 더함

7 $5+5+5+5+5+5+5=5\times$ ____ $=$ ____

□번 더함

8 $6+6+6+6+6+6+6+6=6\times$ ____ $=$ ____

□번 더함

9 $6+6+6+6+6+6+6+6+6=6\times$ ____ $=$ ____

□번 더함

10 $7+7+7+7+7+7+7+7+7=7\times$ ____ $=$ ____

□번 더함

보기 $3\times4=3+3+3+3=12$

4번 더함

3+4=7, 3×4=12와 같이 덧셈과 곱셈은 달라요.

11 $3\times5=$ ____________________ $=$ ____

[5]번 더함

12 $3\times6=$ ____________________ $=$ ____

[ ]번 더함

13 $3\times7=$ ____________________ $=$ ____

[ ]번 더함

14 $3\times8=$ ____________________ $=$ ____

[ ]번 더함

15 $3\times9=$ ____________________ $=27$

[ ]번 더함

보기 $4 \times 3 = 4 + 4 + 4 = 12$

↑ 3번 더함

16 $4 \times 4 =$ ______________________ = ____

↑ [4] 번 더함

17 $4 \times 5 =$ ______________________ = ____

↑ [ ] 번 더함

18 $4 \times 6 =$ ______________________ = ____

↑ [ ] 번 더함

19 $4 \times 7 =$ ______________________ = ____

↑ [ ] 번 더함

20 $4 \times 8 =$ ______________________ = ____

↑ [ ] 번 더함

1 다음과 같이 몇 개씩 묶여 있는 묶음이 있어요. 이것을 덧셈과 곱셈의 식으로 나타내 보세요.

❶ 5×2 ➡ 5개씩 ____ 묶음

➡ 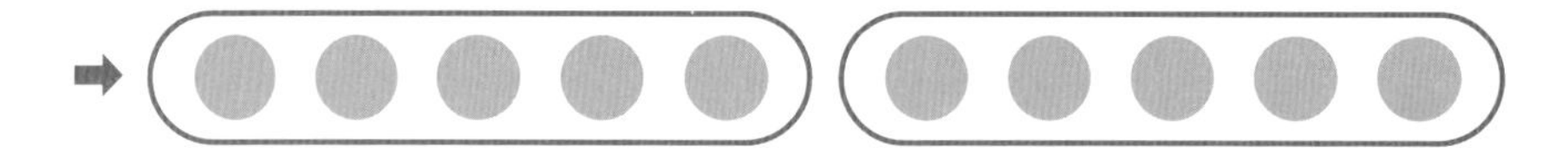

➡ 5×____ =5+5=____

❷ 3×5 ➡ 3개씩 ____ 묶음

➡ 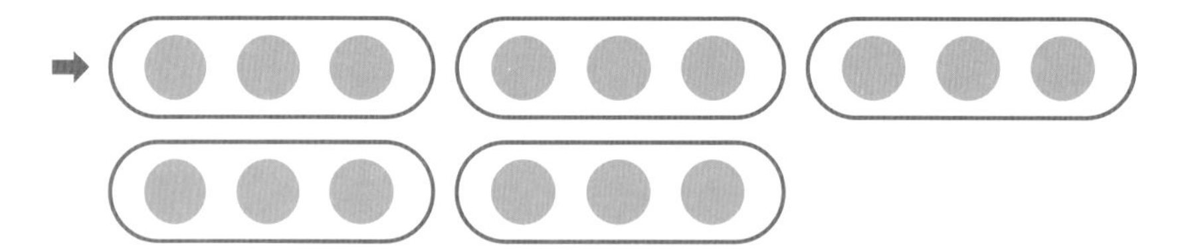

➡ 3×____ =3+3+____ +____ +____ =____

❸ 2×8 ➡ 2개씩 ____ 묶음

➡ 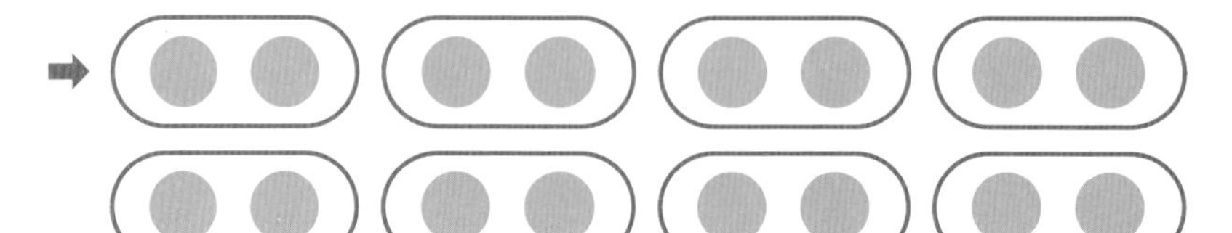

➡ 2×____ =____ +____ +____ +____ +____

+____ +____ +____ =____

2 다음과 같이 사각형이 있어요. 모두 몇 개의 사각형이 있을까요?

❶

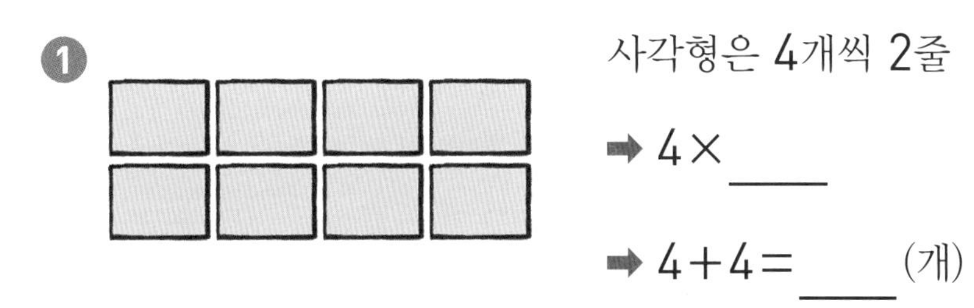

사각형은 4개씩 2줄

➡ $4\times$ ____

➡ $4+4=$ ____ (개)

❷

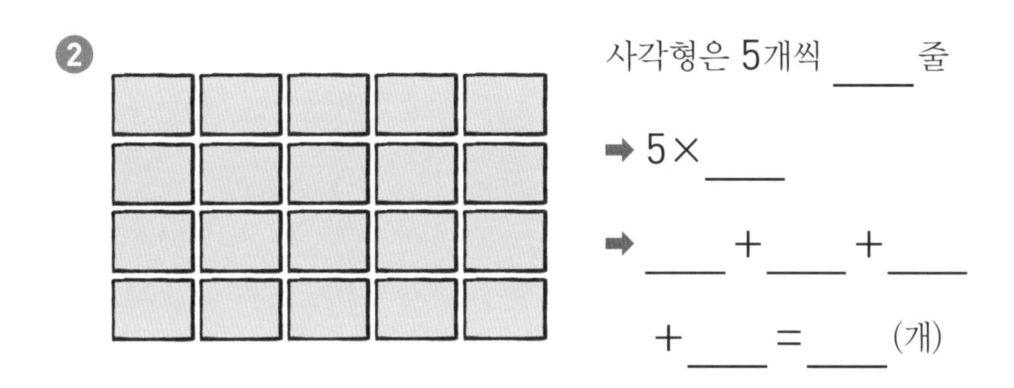

사각형은 5개씩 ____ 줄

➡ $5\times$ ____

➡ ____ + ____ + ____ + ____ = ____ (개)

❸

사각형은 ____ 개씩 3줄

➡ ____ $\times 3$

➡ ____ + ____ + ____ = ____ (개)

3

다음 그림 카드가 몇 장인지 세어 보세요.

❶ 가로로 묶으면 5장씩 4묶음이므로 $5\times$ ____ $=20$

세로로 묶으면 4장씩 ____ 묶음이므로 $4\times$ ____ $=20$

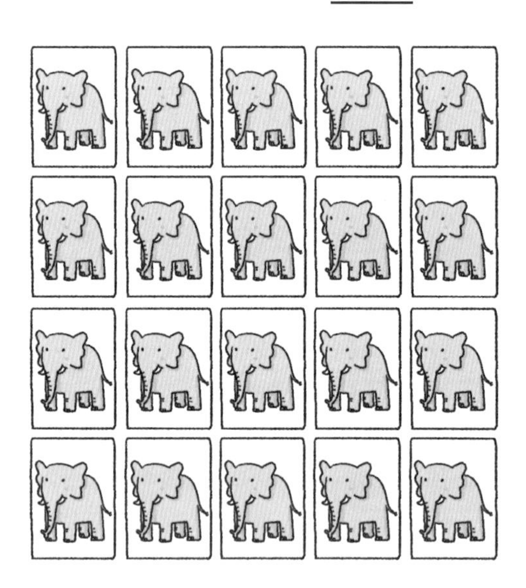

❷ 가로로 묶으면 6장씩 ____ 묶음이므로 $6\times$ ____ $=18$

세로로 묶으면 3장씩 ____ 묶음이므로 $3\times$ ____ $=18$

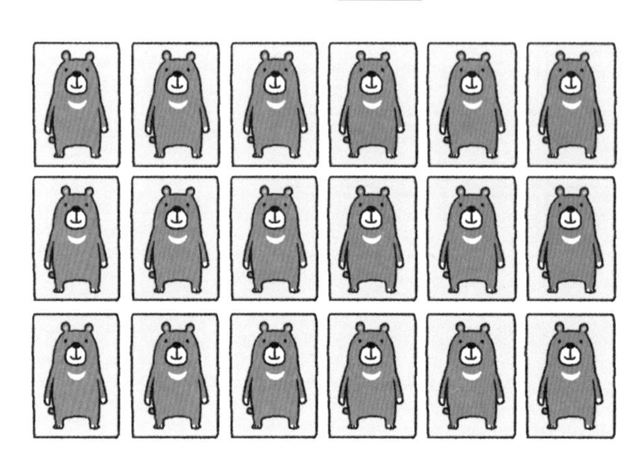

4 다음 덧셈을 곱셈으로 나타내 보세요.

❶ $7+7+7+7=7\times$ ____ = ____

□번 더함

❷ $7+7+7+7+7+7+7=7\times$ ____ = ____

□번 더함

❸ $6+6+6+6+6=6\times$ ____ = ____

□번 더함

❹ $6+6+6+6+6+6+6=6\times$ ____ = ____

□번 더함

❺ $3+3+3+3+3=3\times$ ____ = ____

□번 더함

❻ $3+3+3+3+3+3+3+3+3=3\times$ ____ = ____

□번 더함

5 다음을 곱셈식으로 나타내세요.

❶ 3씩 6묶음은 몇입니까?

____

❷ 4씩 3묶음은 몇입니까?

____

❸ 5의 4배는 몇입니까?

____

❹ 7의 5배는 몇입니까?

____

6 다음을 곱셈식으로 나타내세요.

사흘은 3일,
나흘은 4일을 뜻해요.

❶ 하루에 8쪽씩 사흘 동안 책을 읽었습니다. 사흘 동안 모두 몇 쪽을 읽었습니까?

____

❷ 1분에 6개씩 나뭇잎을 모았습니다. 5분 동안 모두 몇 개의 나뭇잎을 모았습니까?

____

7 1만 다니는 학교에 어느 날 7이 전학 왔어요. 1들이 7에게 뭐라고 했을까요?
아래 수에 해당되는 글자를 찾아 빈칸에 써 보세요.

8	4	5

3	6	2	7	9	1	10

3+3+3+3=3× 머

9+9=9× 니

1+1+1+1+1+1+1=1× 까

1+1+1= 있 ×3

6+6+6=6× 내

7+7+7+7+7=7× 리

2+2+2+2+2+2=2× 리

2+2+2+2+2+2+2+2+2=2× 멋

6+6+6+6+6+6+6+6=6× 앞

10+10+10+10+10= 다 ×5

숫자 놀이 1

기호를 넣어요

다음 빈칸에 + 또는 × 중 알맞은 기호를 써넣으세요.

❶ 2 ○ 3 = 6　　2 ○ 8 = 10

❷ 3 ○ 4 = 7　　3 ○ 4 = 12

❸ 5 ○ 3 = 15　　5 ○ 3 = 8

❹ 7 ○ 4 = 11　　7 ○ 4 = 28

❺ 5 ○ 4 = 9　　5 ○ 4 = 20

짝을 지어주세요

왼쪽 구슬에 해당하는 곱셈식을 찾아 선으로 이으세요.

❶

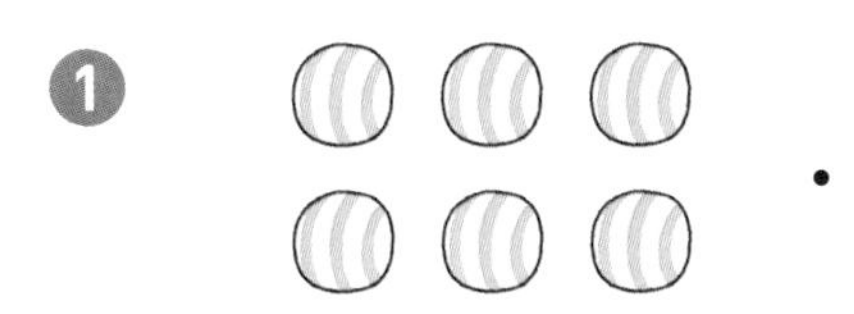

• ㉠ 3×2

❷

• ㉡ 4×3

❸

• ㉢ 4×2

❹

• ㉣ 3×5

숫자놀이 3 길을 찾아요

애벌레가 출발점에서 도착점까지 기어가려고 합니다. 같은 수가 있는 방으로만 지나갈 수 있어요. 애벌레가 가야할 길을 찾아주세요.

곱셈을 이용해서 세요

아래에 공이 여러 개 있어요. 몇 개인지 알아봅시다.

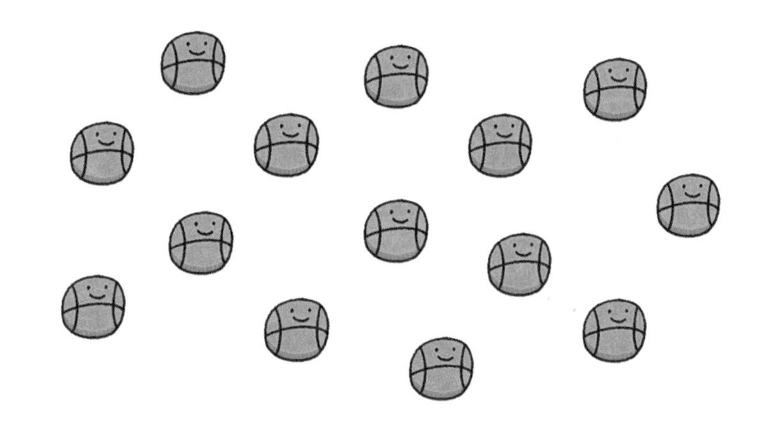

❶ 먼저 공들을 똑같은 개수로 여러 줄로 놓아 주세요.

❷ 곱셈을 이용해서 몇 개인지 세어 보세요.

곱셈구구를 외워요

2의 단
2 x 1 = 2
+2
2 x 2 = 4
+2
2 x 3 = 6
+2
2 x 4 = 8
3의 단
3 x 1 = 3
+3
3 x 2 = 6
+3
3 x 3 = 9
+3
3 x 4 = 12
6의 단
6 x 1 = 6
+6
6 x 2 = 12
+6
6 x 3 = 18
+6
6 x 4 = 24
영차 영차
와~ 정말 일정한 수만큼 늘어나네~.
여기 봐봐~. 2의 단은 2씩 늘어나고, 3의 단은 3씩 늘어나고, 6의 단은 6씩 늘어난다구~.

2, 3, 4, 5의 단

2의 단

$2 \times 1 = 2$

$2 \times 2 = 2 + 2 = 4$

$2 \times 3 = 2 + 2 + 2 = 6$

$2 \times 4 = 2 + 2 + 2 + 2 = 8$

$2 \times 5 = 2 + 2 + 2 + 2 + 2 = 10$

(+2, +2, +2, +2)

2의 단은 2를 여러 번 더한 것을 곱셈으로 적은 것입니다. 그래서 2씩 늘어납니다.

3의 단

$3 \times 1 = 3$

$3 \times 2 = 3 + 3 = 6$

$3 \times 3 = 3 + 3 + 3 = 9$

$3 \times 4 = 3 + 3 + 3 + 3 = 12$

$3 \times 5 = 3 + 3 + 3 + 3 + 3 = 15$

(+3, +3, +3, +3)

3의 단은 3을 여러 번 더한 것을 곱셈으로 적은 것입니다. 그래서 3씩 늘어납니다. 마찬가지로 4의 단은 4씩, 5의 단은 5씩 늘어납니다.

6, 7, 8, 9의 단

6의 단

$1 \times 6 = 6$ ➡ $6 \times 1 = 6$

$2 \times 6 = 12$ ➡ $6 \times 2 = 12$

$3 \times 6 = 18$ ➡ $6 \times 3 = 18$

$4 \times 6 = 24$ ➡ $6 \times 4 = 24$

$5 \times 6 = 30$ ➡ $6 \times 5 = 30$

1의 단, 2의 단, 3의 단, 4의 단, 5의 단에서 6의 단을 일부 알 수 있습니다.

6의 단은 6씩 늘어납니다. 마찬가지로 7의 단은 7씩, 8의 단은 8씩, 9의 단은 9씩 늘어납니다.

2의 단

1 신발 한 켤레는 2개입니다. 신발이 한 켤레씩 늘어나면 신발은 2개씩 늘어납니다. 이처럼 2의 단은 2씩 커집니다. $2 \times 1 = 2$에서부터 곱하는 수가 1씩 커지면 결과는 2씩 커집니다.

$2 \times 1 = 2$

$2 \times 2 = 4$

$2 \times 3 = 6$

$2 \times 4 = \square$

$2 \times 5 = 10$

$2 \times 6 = \square$

$2 \times 7 = \square$

$2 \times 8 = \square$

$2 \times 9 = \square$

2 2를 몇 번 더하는 것은 2에 몇을 곱하는 것과 같습니다.
예를 들어, 2를 3번 더하는 것은 2에 3을 곱하는 것과 같습니다.
2를 9번 더하는 것은 2에 9를 곱하는 것과 같습니다.

2	2를 한 번 더함 ⟺2에 1을 곱함	2×1=2
2+2=☐	2를 두 번 더함 ⟺2에 2를 곱함	2×2=☐
2+2+2=☐	2를 세 번 더함 ⟺2에 3을 곱함	2×3=☐
2+2+2+2=☐	2를 네 번 더함 ⟺2에 ☐를 곱함	2×☐=☐
2+2+2+2+2=☐	2를 다섯 번 더함 ⟺2에 ☐를 곱함	2×5=10
2+2+2+2+2+2=☐	2를 여섯 번 더함 ⟺2에 6을 곱함	2×☐=☐
2+2+2+2+2+2+2=☐	2를 일곱 번 더함 ⟺2에 7을 곱함	2×☐=☐
2+2+2+2+2+2+2+2=☐	2를 여덟 번 더함 ⟺2에 ☐을 곱함	2×☐=☐
2+2+2+2+2+2+2+2+2=☐	2를 아홉 번 더함 ⟺2에 ☐를 곱함	2×☐=☐

3 큰 소리로 읽고, 2의 단을 외우세요.

$2 \times 1 = 2$	이 일은 이
$2 \times 2 = 4$	이 이는 사
$2 \times 3 = 6$	이 삼은 육
$2 \times 4 = 8$	이 사 팔
$2 \times 5 = 10$	이 오 십
$2 \times 6 = 12$	이 육 십이
$2 \times 7 = 14$	이 칠 십사
$2 \times 8 = 16$	이 팔 십육
$2 \times 9 = 18$	이 구 십팔

4 2부터 2칸씩 뛴 수에 동그라미를 하면서 2의 단을 익혀보세요.

1	11
(2)	12
3	13
4	14
5	15
6	16
7	17
8	18
9	19
10	20

오늘 세 번,
내일 세 번 외우세요.

2의 단 : 2 − 4 − 6 − 8 − 10 − 12 − 14 − 16 − 18

5 다음 빈칸에 알맞은 수를 쓰세요.

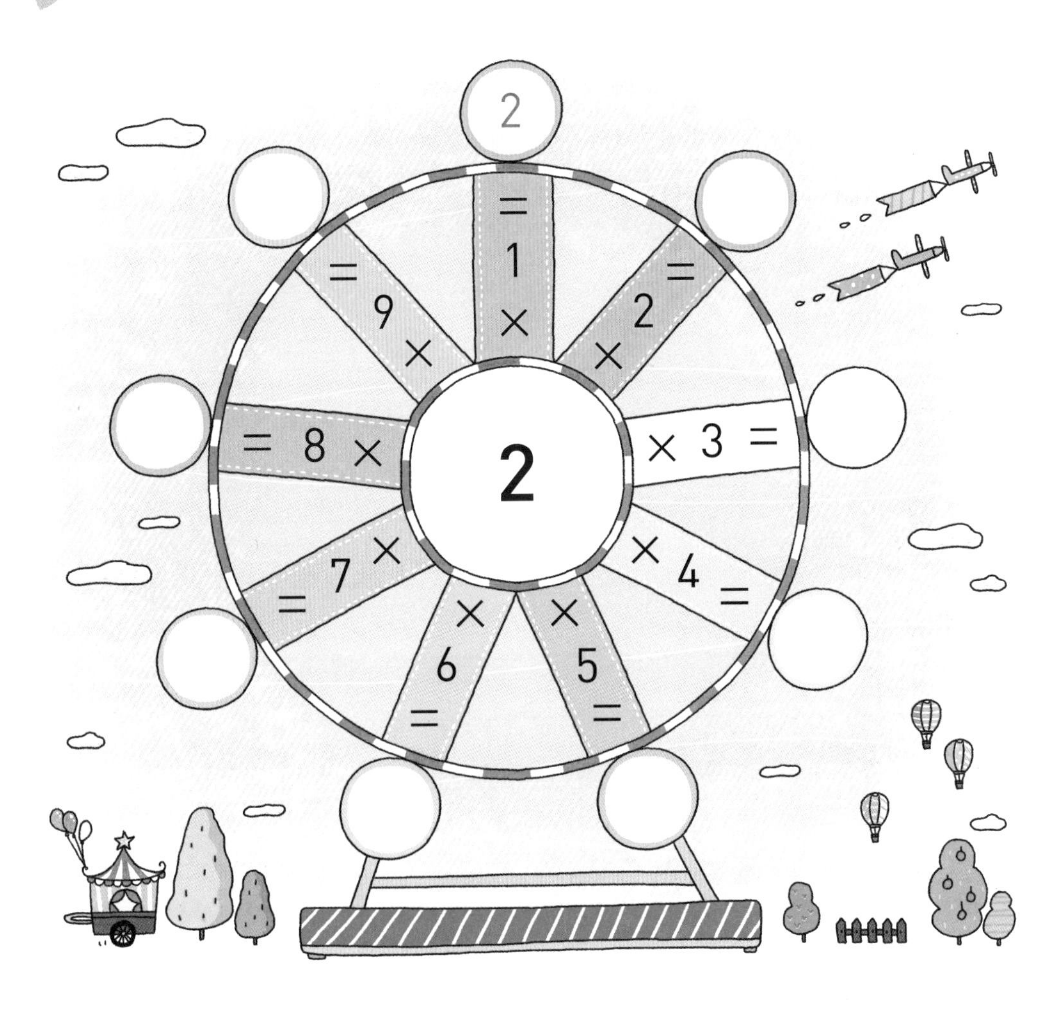

$2 \times \square = 12$　　$2 \times \square = 8$　　$2 \times \square = 2$

$2 \times \square = 6$　　$2 \times \square = 4$　　$2 \times \square = 16$

$2 \times \square = 14$　　$2 \times \square = 18$　　$2 \times \square = 10$

3의 단

1 바퀴가 3개인 자전거가 있습니다. 자전거가 한 대씩 늘어나면 바퀴는 3개씩 늘어납니다. 이처럼 3의 단은 3씩 커집니다. $3\times1=3$에서부터 곱하는 수가 1씩 커지면 결과는 3씩 커집니다.

$3\times1=3$

$3\times2=6$

$3\times3=\square$

$3\times4=\square$

$3\times5=15$

$3\times6=\square$

$3\times7=\square$

$3\times8=\square$

$3\times9=\square$

2 3을 몇 번 더하는 것은 3에 몇을 곱하는 것과 같습니다.
예를 들어, 3을 2번 더하는 것은 3에 2를 곱하는 것과 같습니다.
3을 9번 더하는 것은 3에 9를 곱하는 것과 같습니다.

3	3을 한 번 더함 ⟺3에 1을 곱함	3×1=3
3+3=□	3을 두 번 더함 ⟺3에 2를 곱함	3×2=□
3+3+3=□	3을 세 번 더함 ⟺3에 3을 곱함	3×3=□
3+3+3+3=□	3을 네 번 더함 ⟺3에 □를 곱함	3×□=□
3+3+3+3+3=□	3을 다섯 번 더함 ⟺3에 □를 곱함	3×5=15
3+3+3+3+3+3=□	3을 여섯 번 더함 ⟺3에 6을 곱함	3×□=□
3+3+3+3+3+3+3=□	3을 일곱 번 더함 ⟺3에 7을 곱함	3×□=□
3+3+3+3+3+3+3+3=□	3을 여덟 번 더함 ⟺3에 □을 곱함	3×□=□
3+3+3+3+3+3+3+3+3=□	3을 아홉 번 더함 ⟺3에 □를 곱함	3×□=□

3 큰 소리로 읽고, 3의 단을 외우세요.

$3 \times 1 = 3$ 삼 일은 삼

$3 \times 2 = 6$ 삼 이 육

$3 \times 3 = 9$ 삼 삼은 구

$3 \times 4 = 12$ 삼 사 십이

$3 \times 5 = 15$ 삼 오 십오

$3 \times 6 = 18$ 삼 육 십팔

$3 \times 7 = 21$ 삼 칠 이십일

$3 \times 8 = 24$ 삼 팔 이십사

$3 \times 9 = 27$ 삼 구 이십칠

4 3부터 3칸씩 뛴 수에 동그라미를 하면서 3의 단을 익혀보세요.

1	11	21
2	12	22
(3)	13	23
4	14	24
5	15	25
6	16	26
7	17	27
8	18	28
9	19	29
10	20	30

내일도 세 번
외우세요.

3의 단 : 3 – 6 – 9 – 12 – 15 – 18 – 21 – 24 – 27

5 다음 빈칸에 알맞은 수를 쓰세요.

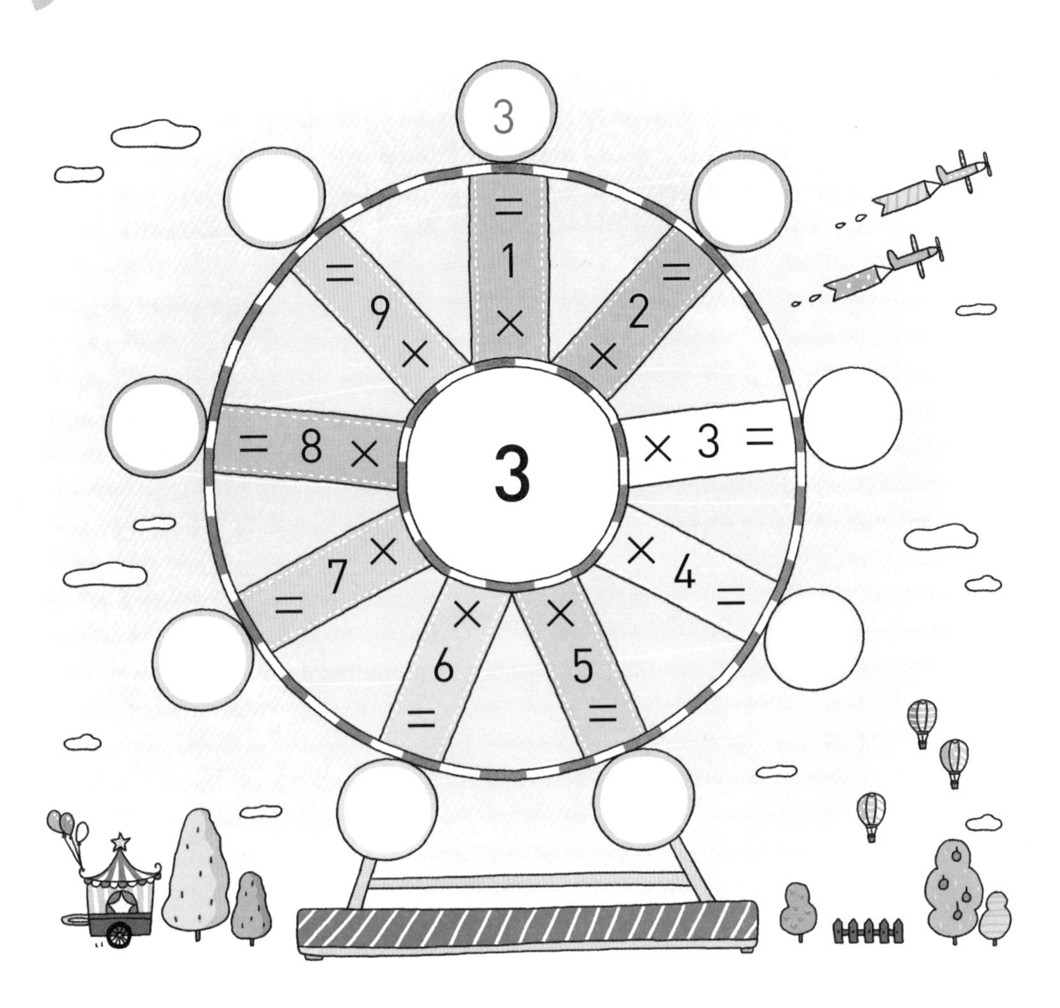

$3 \times \square = 9$　　$3 \times \square = 12$　　$3 \times \square = 21$

$3 \times \square = 6$　　$3 \times \square = 18$　　$3 \times \square = 3$

$3 \times \square = 27$　　$3 \times \square = 15$　　$3 \times \square = 24$

4의 단

1 기린은 다리가 4개입니다. 기린이 한 마리씩 늘어나면 다리 개수는 4개씩 늘어납니다. 이처럼 4의 단은 4씩 커집니다. 4×1=4에서부터 곱하는 수가 1씩 커지면 결과는 4씩 커집니다.

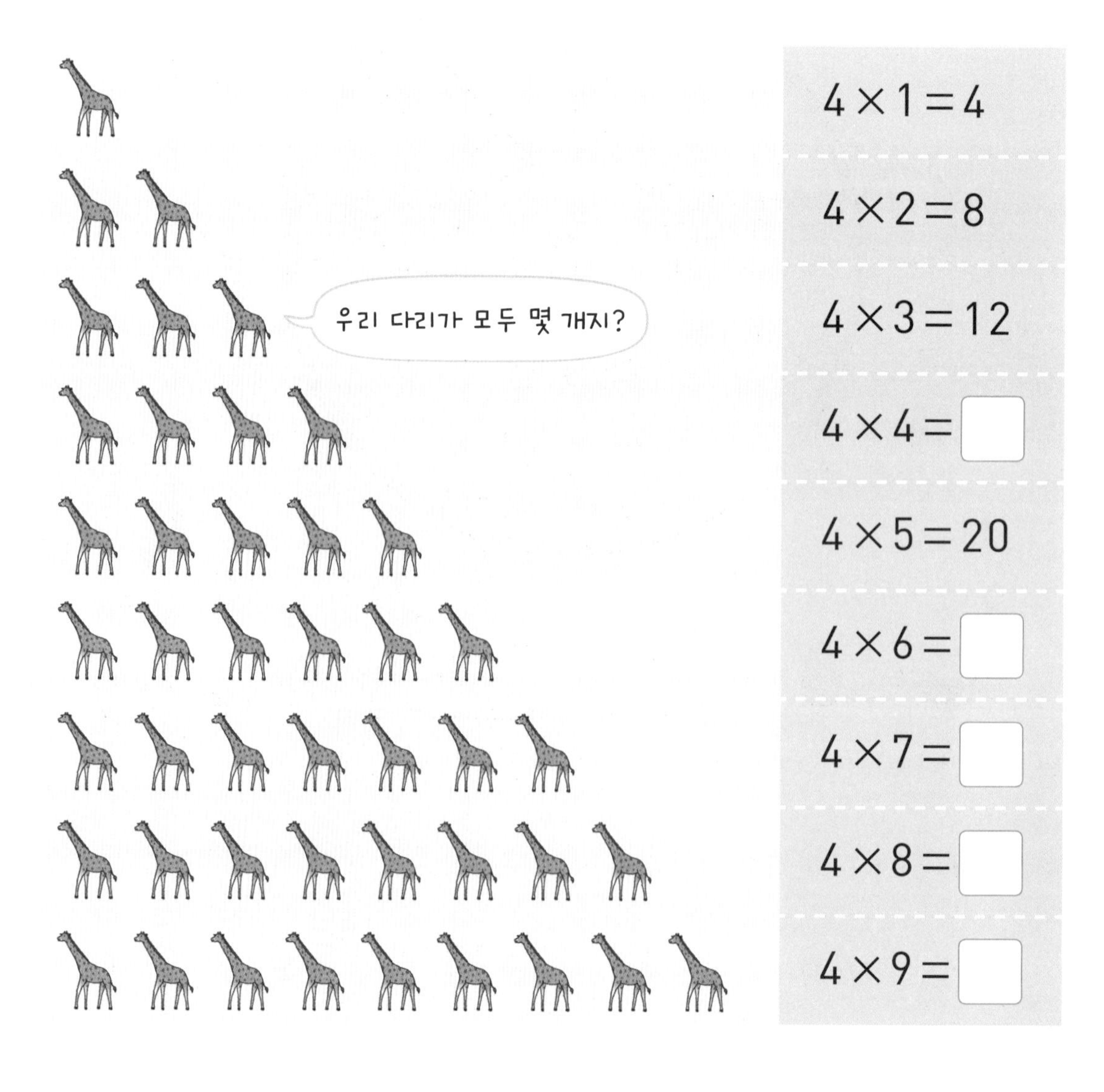

2 4를 몇 번 더하는 것은 4에 몇을 곱하는 것과 같습니다.
예를 들어, 4를 3번 더하는 것은 4에 3을 곱하는 것과 같습니다.
4를 9번 더하는 것은 4에 9를 곱하는 것과 같습니다.

4	4를 한 번 더함 ⟺ 4에 1을 곱함	4×1=4
4+4=□	4를 두 번 더함 ⟺ 4에 2를 곱함	4×2=□
4+4+4=□	4를 세 번 더함 ⟺ 4에 3을 곱함	4×3=□
4+4+4+4=□	4를 네 번 더함 ⟺ 4에 □를 곱함	4×□=□
4+4+4+4+4=□	4를 다섯 번 더함 ⟺ 4에 □를 곱함	4×5=20
4+4+4+4+4+4=□	4를 여섯 번 더함 ⟺ 4에 6을 곱함	4×□=□
4+4+4+4+4+4+4=□	4를 일곱 번 더함 ⟺ 4에 7을 곱함	4×□=□
4+4+4+4+4+4+4+4=□	4를 여덟 번 더함 ⟺ 4에 □을 곱함	4×□=□
4+4+4+4+4+4+4+4+4=□	4를 아홉 번 더함 ⟺ 4에 □를 곱함	4×□=□

3 큰 소리로 읽고, 4의 단을 외우세요.

$4\times1=4$ 사 일은 사

$4\times2=8$ 사 이 팔

$4\times3=12$ 사 삼 십이

$4\times4=16$ 사 사 십육

$4\times5=20$ 사 오 이십

$4\times6=24$ 사 육 이십사

$4\times7=28$ 사 칠 이십팔

$4\times8=32$ 사 팔 삼십이

$4\times9=36$ 사 구 삼십육

4 4부터 4칸씩 뛴 수에 동그라미를 하면서 4의 단을 익혀보세요.

1	11	21	31
2	12	22	32
3	13	23	33
(4)	14	24	34
5	15	25	35
6	16	26	36
7	17	27	37
8	18	28	38
9	19	29	39
10	20	30	40

오늘 다섯 번,
내일 세 번 외우세요.

4의 단 : 4 – 8 – 12 – 16 – 20 – 24 – 28 – 32 – 36

5 다음 빈칸에 알맞은 수를 쓰세요.

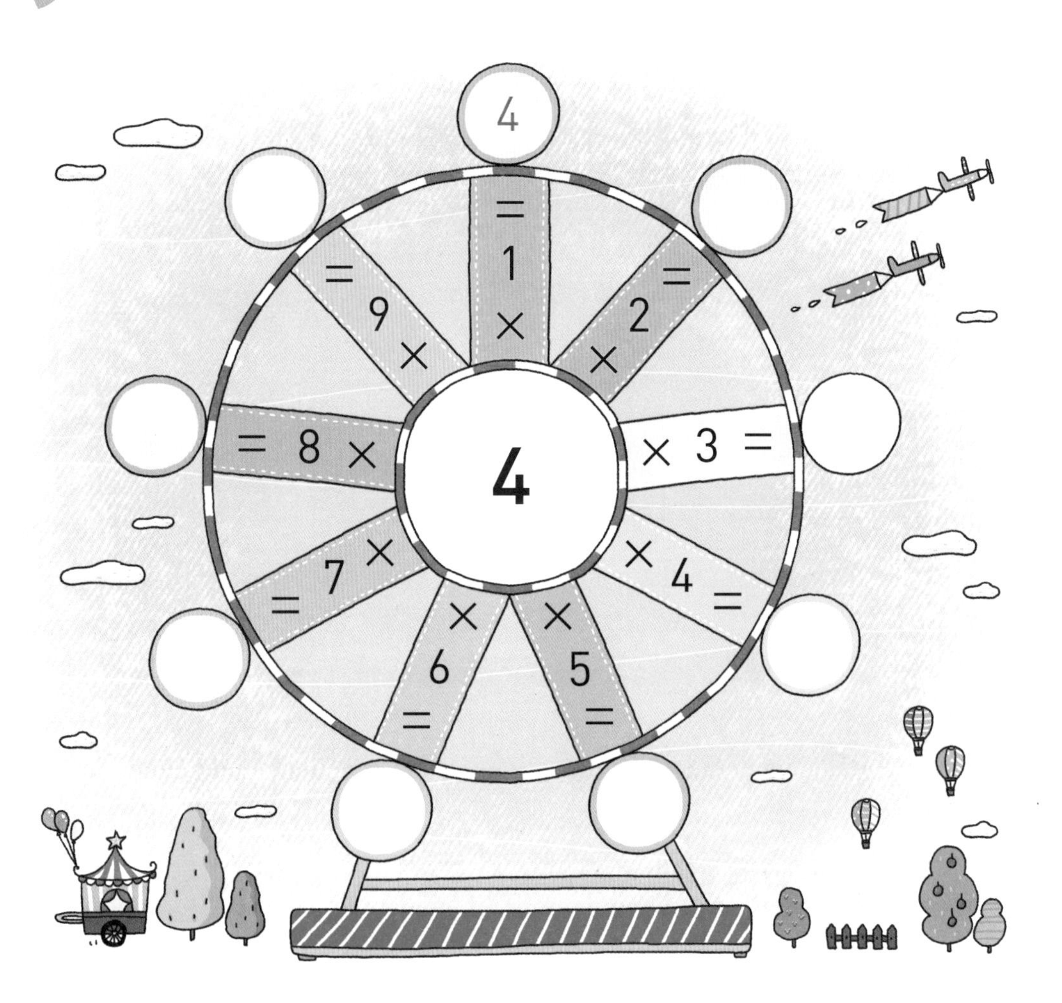

$4 \times \square = 12$　　$4 \times \square = 8$　　$4 \times \square = 4$

$4 \times \square = 28$　　$4 \times \square = 20$　　$4 \times \square = 24$

$4 \times \square = 16$　　$4 \times \square = 32$　　$4 \times \square = 36$

5의 단

1 진달래는 꽃잎이 5장입니다. 꽃이 한 송이씩 늘어나면 꽃잎은 5장씩 늘어납니다. 이처럼 5의 단은 5씩 커집니다. $5 \times 1 = 5$에서부터 곱하는 수가 1씩 커지면 결과는 5씩 커집니다.

$5 \times 1 = 5$

$5 \times 2 = 10$

$5 \times 3 = 15$

$5 \times 4 = \square$

$5 \times 5 = 25$

$5 \times 6 = \square$

$5 \times 7 = \square$

$5 \times 8 = \square$

$5 \times 9 = \square$

2 5를 몇 번 더하는 것은 5에 몇을 곱하는 것과 같습니다.
예를 들어, 5를 3번 더하는 것은 5에 3을 곱하는 것과 같습니다.
5를 9번 더하는 것은 5에 9를 곱하는 것과 같습니다.

5	5를 한 번 더함 ⟺5에 1을 곱함	5×1=5
5+5=☐	5를 두 번 더함 ⟺5에 2를 곱함	5×2=☐
5+5+5=☐	5를 세 번 더함 ⟺5에 3을 곱함	5×3=☐
5+5+5+5=☐	5를 네 번 더함 ⟺5에 ☐를 곱함	5×☐=☐
5+5+5+5+5=☐	5를 다섯 번 더함 ⟺5에 ☐를 곱함	5×5=25
5+5+5+5+5+5=☐	5를 여섯 번 더함 ⟺5에 6을 곱함	5×☐=☐
5+5+5+5+5+5+5=☐	5를 일곱 번 더함 ⟺5에 7을 곱함	5×☐=☐
5+5+5+5+5+5+5+5=☐	5를 여덟 번 더함 ⟺5에 ☐을 곱함	5×☐=☐
5+5+5+5+5+5+5+5+5=☐	5를 아홉 번 더함 ⟺5에 ☐를 곱함	5×☐=☐

3 큰 소리로 읽고, 5의 단을 외우세요.

$5 \times 1 = 5$ 오 일은 오

$5 \times 2 = 10$ 오 이 십

$5 \times 3 = 15$ 오 삼 십오

$5 \times 4 = 20$ 오 사 이십

$5 \times 5 = 25$ 오 오 이십오

$5 \times 6 = 30$ 오 육 삼십

$5 \times 7 = 35$ 오 칠 삼십오

$5 \times 8 = 40$ 오 팔 사십

$5 \times 9 = 45$ 오 구 사십오

4 5부터 5칸씩 뛴 수에 동그라미를 하면서 5의 단을 익혀보세요.

1	11	21	31	41
2	12	22	32	42
3	13	23	33	43
4	14	24	34	44
(5)	15	25	35	45
6	16	26	36	46
7	17	27	37	47
8	18	28	38	48
9	19	29	39	49
10	20	30	40	50

오늘 다섯 번,
내일 세 번 외우세요.
5의 단 곱의 일의 자리는
항상 0 또는 5입니다.

5의 단 : 5 – 10 – 15 – 20 – 25 – 30 – 35 – 40 – 45

5 다음 빈칸에 알맞은 수를 쓰세요.

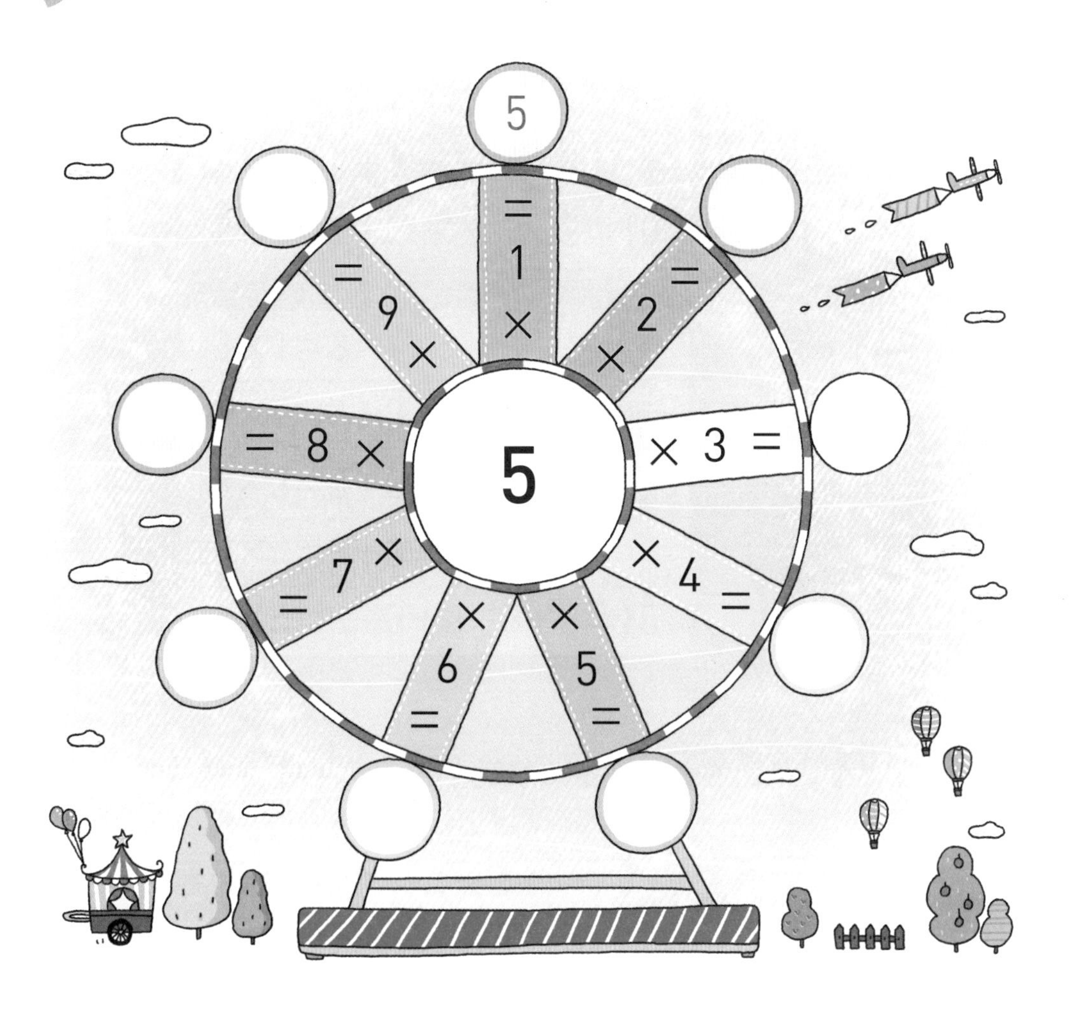

$5 \times \square = 15$ $5 \times \square = 30$ $5 \times \square = 5$

$5 \times \square = 25$ $5 \times \square = 10$ $5 \times \square = 40$

$5 \times \square = 45$ $5 \times \square = 20$ $5 \times \square = 35$

1 6의 단

2의 단부터 5의 단까지의 곱셈구구를 이용하여 6×1부터 6×5까지 알아봅시다. 곱셈에서는 두 수를 바꾸어 곱해도 되기 때문이지요.

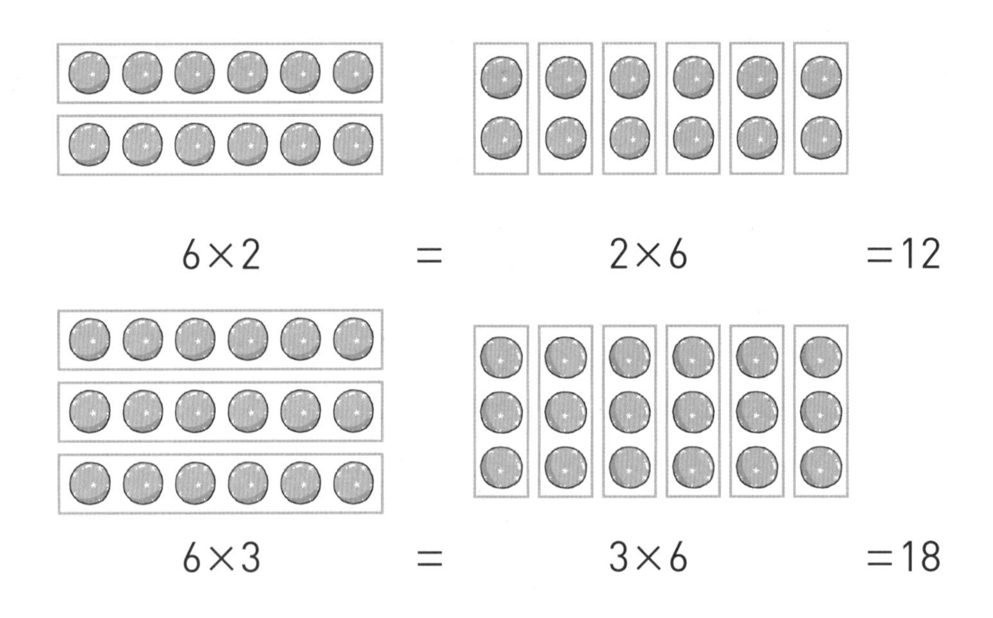

$6\times2 \quad = \quad 2\times6 \quad =12$

$6\times3 \quad = \quad 3\times6 \quad =18$

1 곱하는 두 수를 바꾸어 6의 단을 알아봅시다.

$1\times6=6$ ➡ $6\times1=$ ____

$2\times6=12$ ➡ $6\times2=$ ____

$3\times6=18$ ➡ $6\times3=$ ____

$4\times6=24$ ➡ $6\times4=$ ____

$5\times6=30$ ➡ $6\times5=$ ____

곱셈구구에서는 6×4는
4×6으로 외우세요.
작은 수가 앞에 있으면
편해요.

2 6의 단은 곱하는 수가 1씩 커질 때마다 그 결과는 6씩 커집니다.
즉, 앞의 수에 6을 더해나가면 6의 단이 만들어집니다.

$6 \times 5 = 30$	육 오 삼십
$6 \times 6 = 30 + 6 = 36$	육 육 ☐
$6 \times 7 = 36 + 6 = 42$	육 칠 ☐
$6 \times 8 = 42 + 6 =$ ☐	육 팔 ☐
$6 \times 9 =$ ☐ $+ 6 =$ ☐	육 구 ☐

3 6부터 6칸씩 뛴 수에 동그라미를 하면서 6의 단을 익혀보세요.

1	11	21	31	41	51
2	12	22	32	42	52
3	13	23	33	43	53
4	14	24	34	44	54
5	15	25	35	45	55
(6)	16	26	36	46	56
7	17	27	37	47	57
8	18	28	38	48	58
9	19	29	39	49	59
10	20	30	40	50	60

4 곱셈식이 올바르게 되도록 선을 그어주세요.

보기

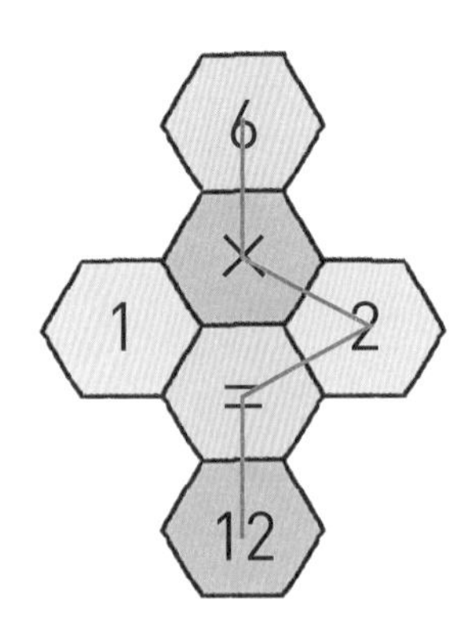

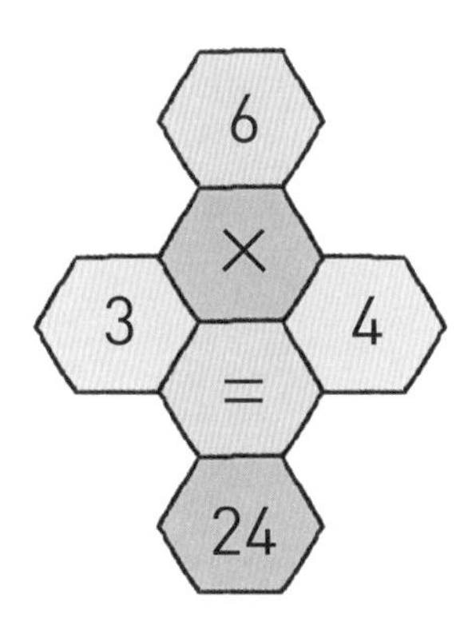

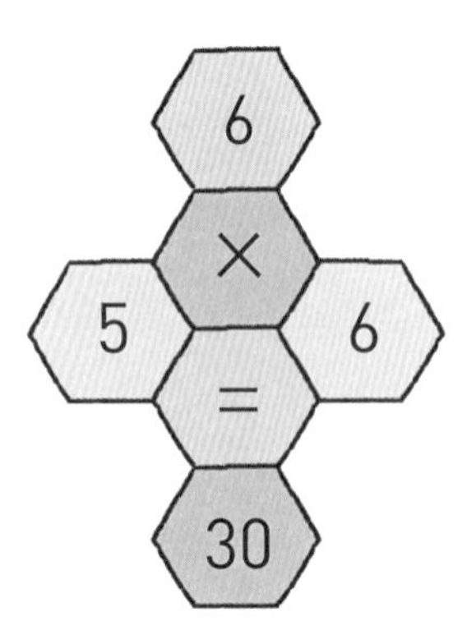

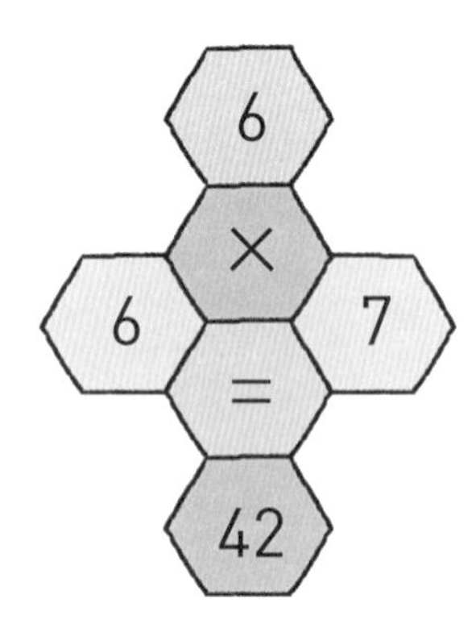

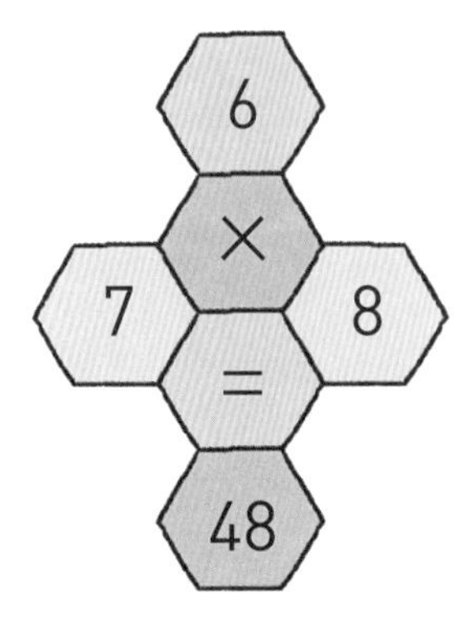

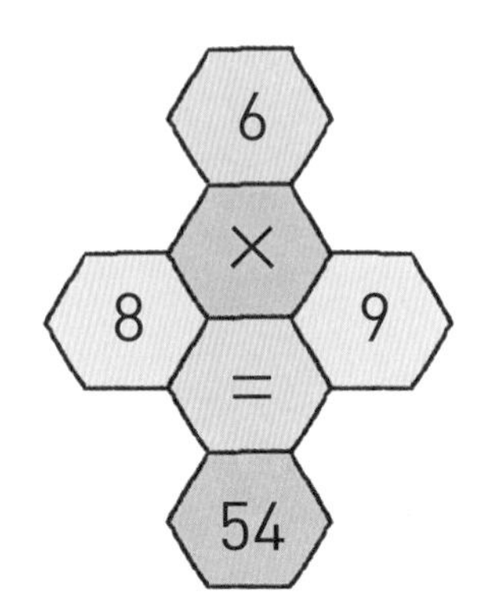

5 다음 빈칸에 알맞은 수를 쓰세요.

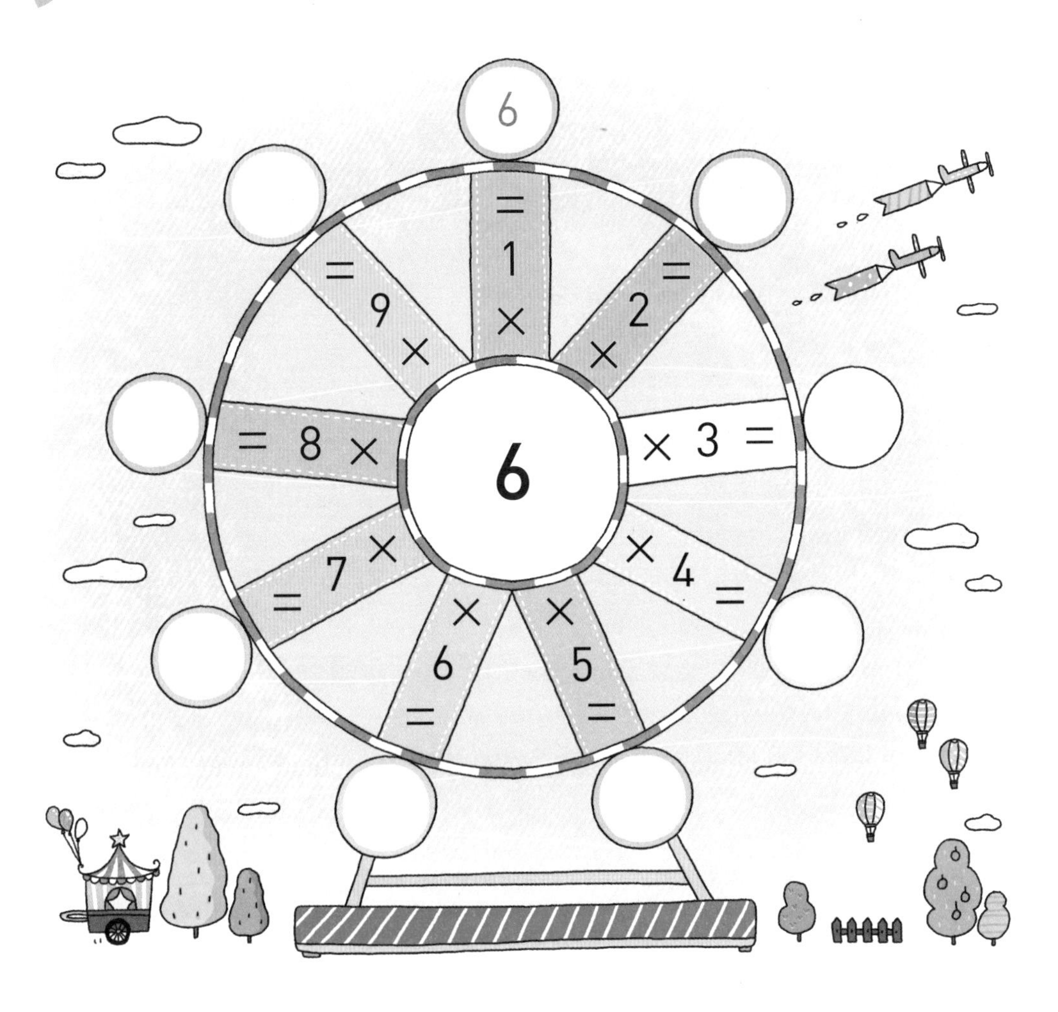

$6\times\square=12$ $6\times\square=36$ $6\times\square=54$

$6\times\square=42$ $6\times\square=6$ $6\times\square=18$

$6\times\square=30$ $6\times\square=24$ $6\times\square=48$

2 7의 단

2의 단부터 6의 단까지의 곱셈구구를 이용하여 7×1부터 7×6까지 알아봅시다. 곱셈에서는 두 수를 바꾸어 곱해도 되기 때문이지요.

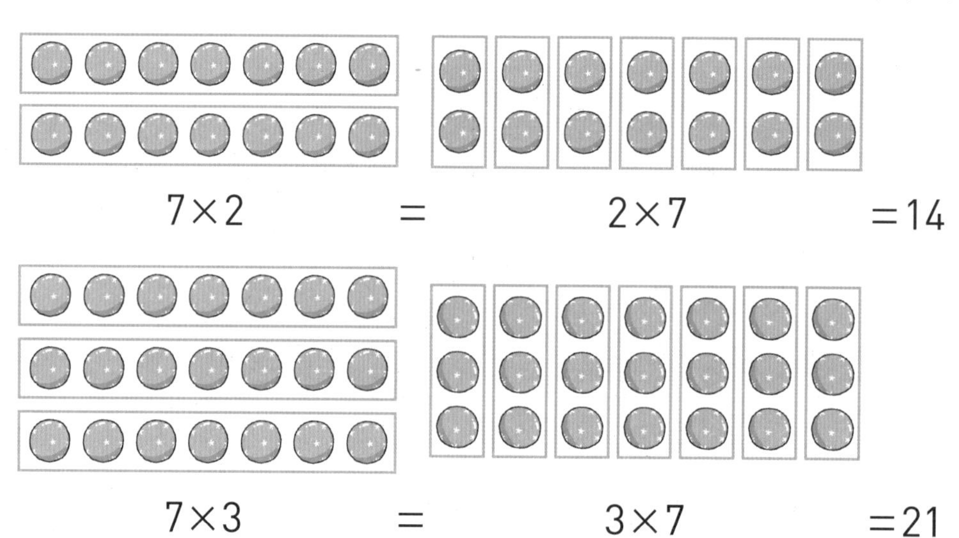

1 곱하는 두 수를 바꾸어 7의 단을 알아봅시다.

1×7=7 ➡ 7×1=____

2×7=14 ➡ 7×2=____

3×7=21 ➡ 7×3=____

4×7=28 ➡ 7×4=____

5×7=35 ➡ 7×5=____

6×7=42 ➡ 7×6=____

곱셈구구에서는 7×4는 4×7로 외우세요. 작은 수가 앞에 있으면 편해요.

2 7의 단은 곱하는 수가 1씩 커질 때마다 그 결과는 7씩 커집니다.
즉, 앞의 수에 7을 더해나가면 7의 단이 만들어집니다.

$7 \times 6 = 42$	칠 육	☐
$7 \times 7 = 42 + 7 = 49$	칠 칠	☐
$7 \times 8 = 49 + 7 = \square$	칠 팔	☐
$7 \times 9 = \square + 7 = \square$	칠 구	☐

3 7부터 7칸씩 뛴 수에 동그라미를 하면서 7의 단을 익혀보세요.

1	11	21	31	41	51	61
2	12	22	32	42	52	62
3	13	23	33	43	53	63
4	14	24	34	44	54	64
5	15	25	35	45	55	65
6	16	26	36	46	56	66
⑦	17	27	37	47	57	67
8	18	28	38	48	58	68
9	19	29	39	49	59	69
10	20	30	40	50	60	70

4 곱셈식이 올바르게 되도록 선을 그어주세요.

보기

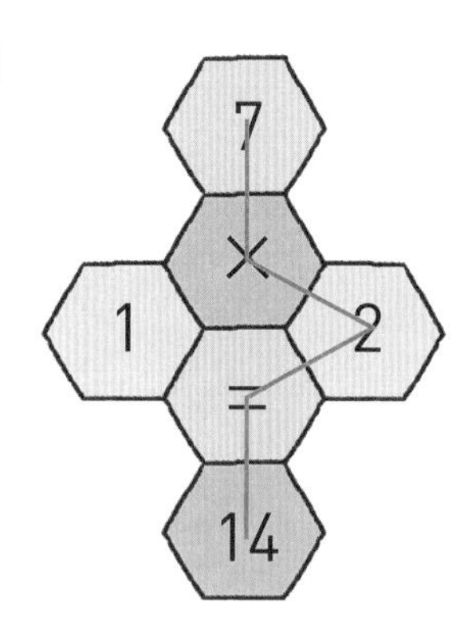

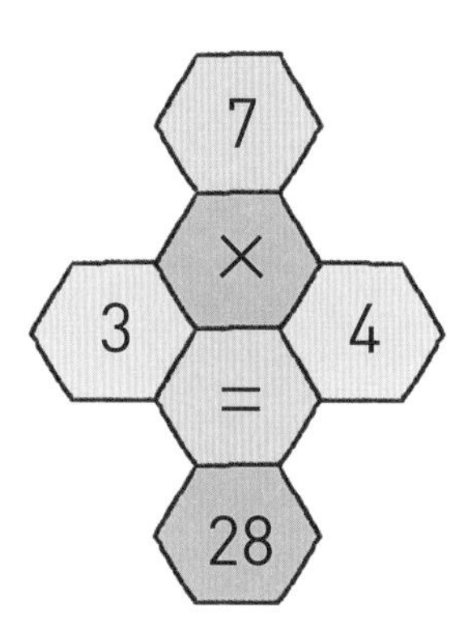

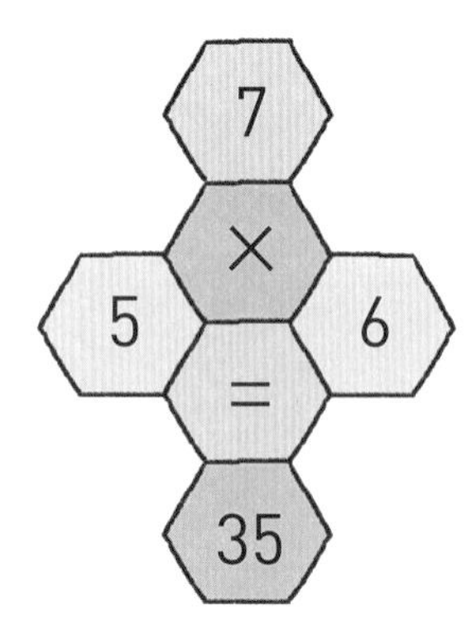

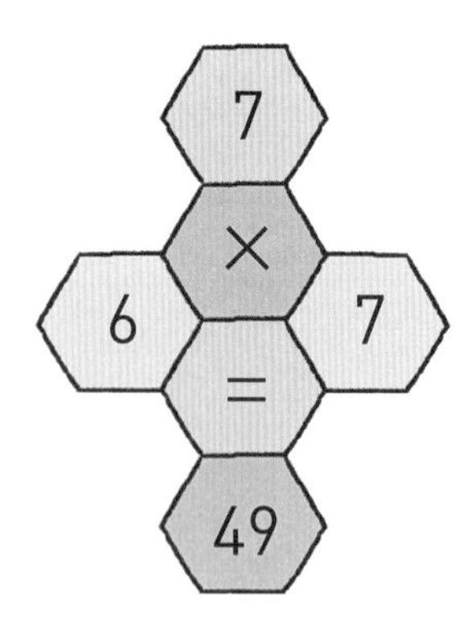

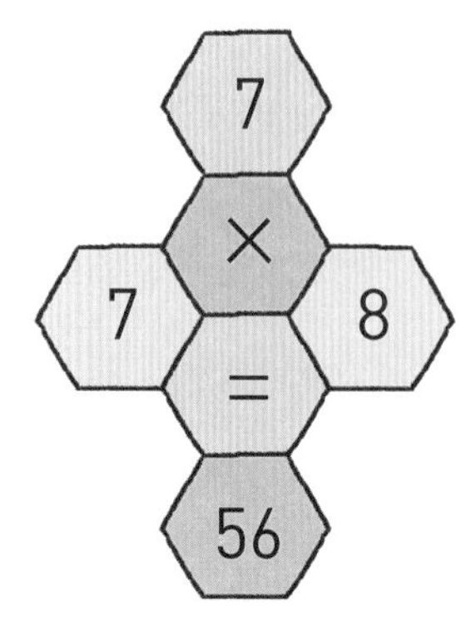

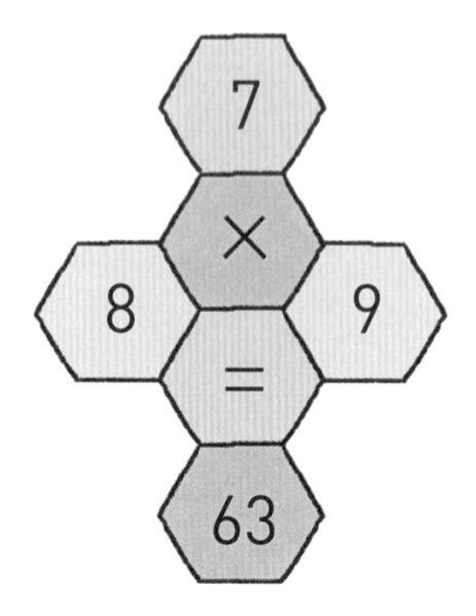

5 다음 빈칸에 알맞은 수를 쓰세요.

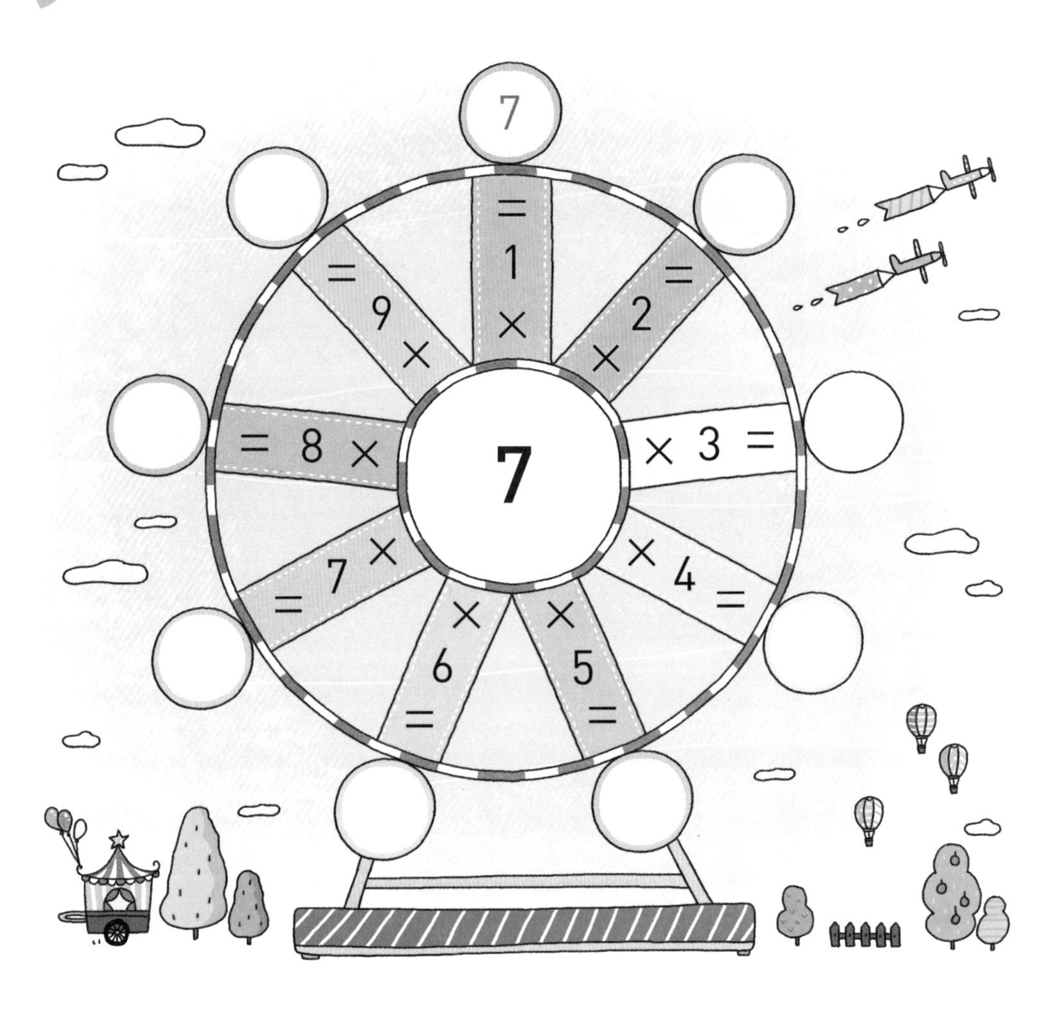

7 × ☐ = 21　　7 × ☐ = 14　　7 × ☐ = 35

7 × ☐ = 42　　7 × ☐ = 7　　7 × ☐ = 56

7 × ☐ = 49　　7 × ☐ = 63　　7 × ☐ = 28

3 8의 단

2의 단부터 7의 단까지의 곱셈구구를 이용하여 8×1부터 8×7까지 알아봅시다. 곱셈에서는 두 수를 바꾸어 곱해도 되기 때문이지요.

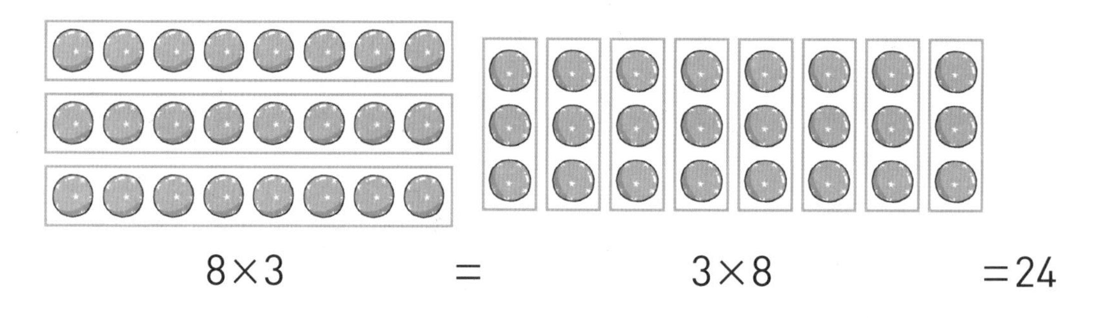

8×3 = 3×8 =24

1 곱하는 두 수를 바꾸어 8의 단을 알아봅시다.

1×8=8 ➡ 8×1=____

2×8=16 ➡ 8×2=____

3×8=24 ➡ 8×3=____

4×8=32 ➡ 8×4=____

5×8=40 ➡ 8×5=____

6×8=48 ➡ 8×6=____

7×8=56 ➡ 8×7=____

곱셈구구에서는 8×4는 4×8로 외우세요. 작은 수가 앞에 있으면 편해요.

2 8의 단은 곱하는 수가 1씩 커질 때마다 그 결과는 8씩 커집니다.
즉, 앞의 수에 8을 더해나가면 8의 단이 만들어집니다.

$8 \times 7 = 56$	팔 칠 오십육
$8 \times 8 = 56 + 8 = \square$	팔 팔 $\square$
$8 \times 9 = \square + 8 = \square$	팔 구 $\square$

8의 단 : 8 – 16 – 24 – 32 – 40 – 48 – 56 – 64 – 72

3 8부터 8칸씩 뛴 수에 동그라미를 하면서 8의 단을 익혀보세요.

1	11	21	31	41	51	61	71
2	12	22	32	42	52	62	72
3	13	23	33	43	53	63	73
4	14	24	34	44	54	64	74
5	15	25	35	45	55	65	75
6	16	26	36	46	56	66	76
7	17	27	37	47	57	67	77
(8)	18	28	38	48	58	68	78
9	19	29	39	49	59	69	79
10	20	30	40	50	60	70	80

4 곱셈식이 올바르게 되도록 선을 그어주세요.

보기

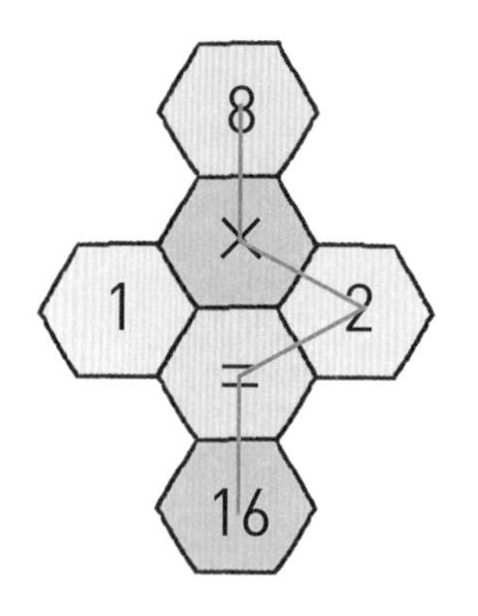

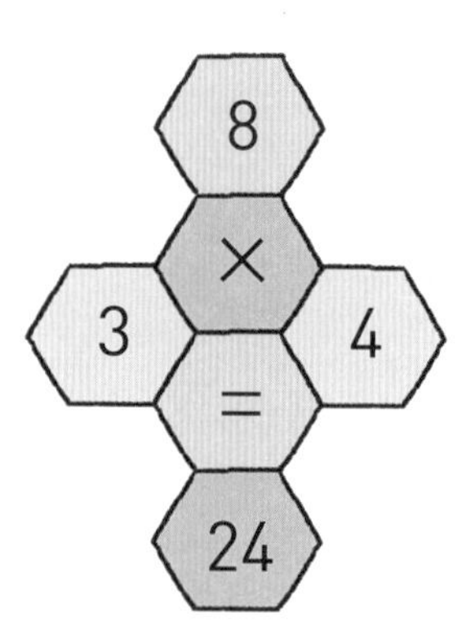

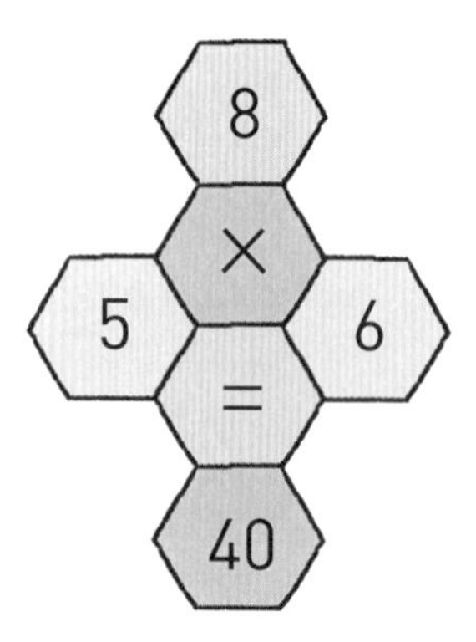

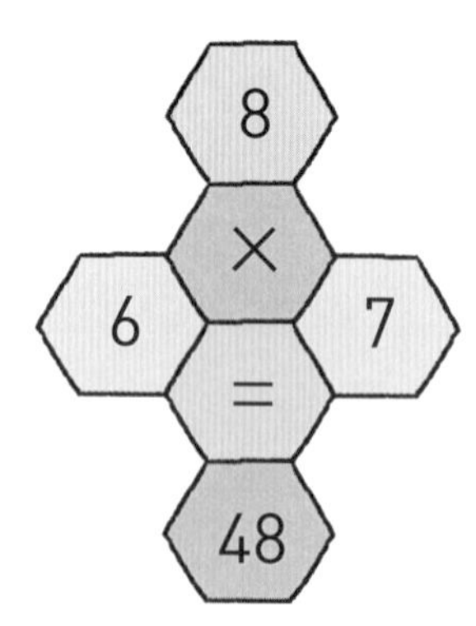

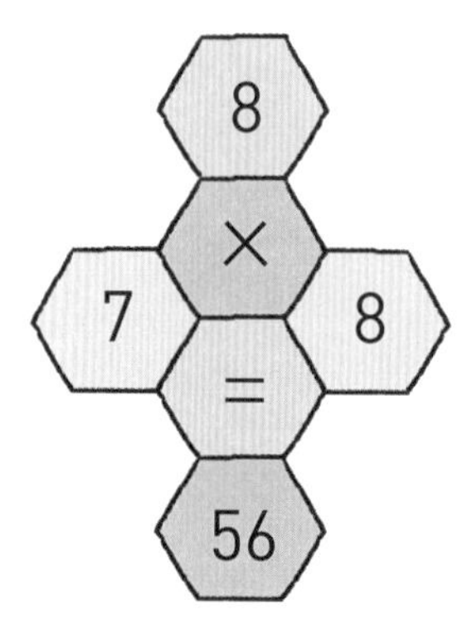

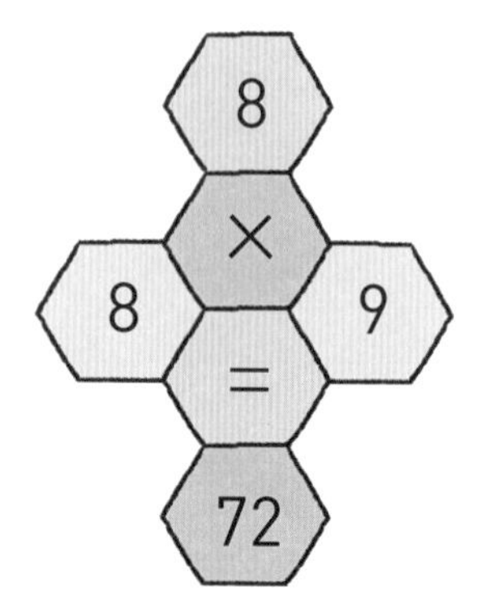

5 다음 빈칸에 알맞은 수를 쓰세요.

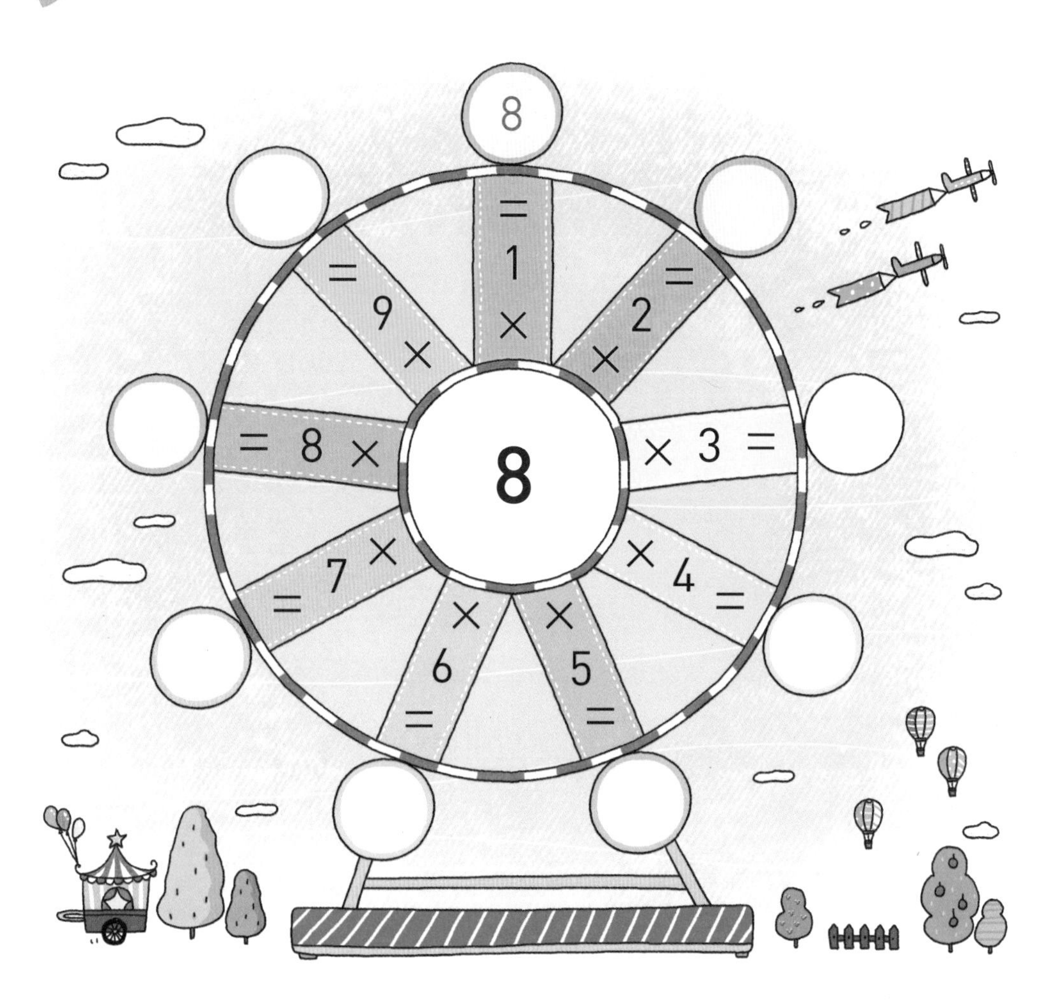

$8\times\square=32$　　$8\times\square=16$　　$8\times\square=56$

$8\times\square=48$　　$8\times\square=8$　　$8\times\square=40$

$8\times\square=24$　　$8\times\square=72$　　$8\times\square=64$

4 9의 단

2의 단부터 8의 단까지의 곱셈구구를 이용하여 9×1부터 9×8까지 알아봅시다. 곱셈에서는 두 수를 바꾸어 곱해도 되기 때문이지요.

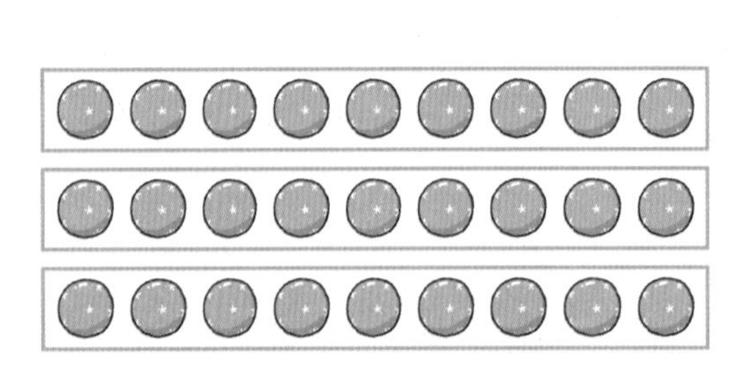

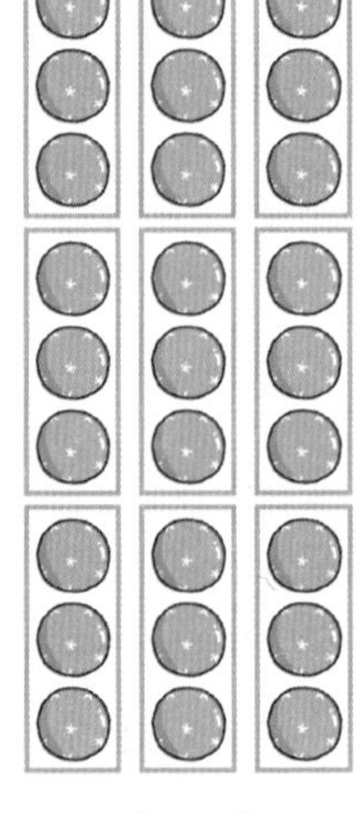

$9\times3 = 3\times9 = 27$

1 곱하는 두 수를 바꾸어 9의 단을 알아봅시다.

$1\times9=9$ ➡ $9\times1=$ ____

$2\times9=18$ ➡ $9\times2=$ ____

$3\times9=27$ ➡ $9\times3=$ ____

$4\times9=36$ ➡ $9\times4=$ ____

$5\times9=45$ ➡ $9\times5=$ ____

$6\times9=54$ ➡ $9\times6=$ ____

$7\times9=63$ ➡ $9\times7=$ ____

$8\times9=72$ ➡ $9\times8=$ ____

곱셈구구에서는 9×4는 4×9로 외우세요. 작은 수가 앞에 있으면 편해요.

2 9의 단은 곱하는 수가 1씩 커질 때마다 그 결과는 9씩 커집니다.
즉, 앞의 수에 9을 더해나가면 9의 단이 만들어집니다.

$9 \times 8 = 72$	구 팔 ☐
$9 \times 9 = 72 + 9 =$ ☐	구 구 ☐

9의 단 : 9 − 18 − 27 − 36 − 45 − 54 − 63 − 72 − 81

3 9부터 9칸씩 뛴 수에 동그라미를 하면서 9의 단을 익혀보세요.

1	11	21	31	41	51	61	71	81
2	12	22	32	42	52	62	72	82
3	13	23	33	43	53	63	73	83
4	14	24	34	44	54	64	74	84
5	15	25	35	45	55	65	75	85
6	16	26	36	46	56	66	76	86
7	17	27	37	47	57	67	77	87
8	18	28	38	48	58	68	78	88
(9)	19	29	39	49	59	69	79	89
10	20	30	40	50	60	70	80	90

4 곱셈식이 올바르게 되도록 선을 그어주세요.

보기

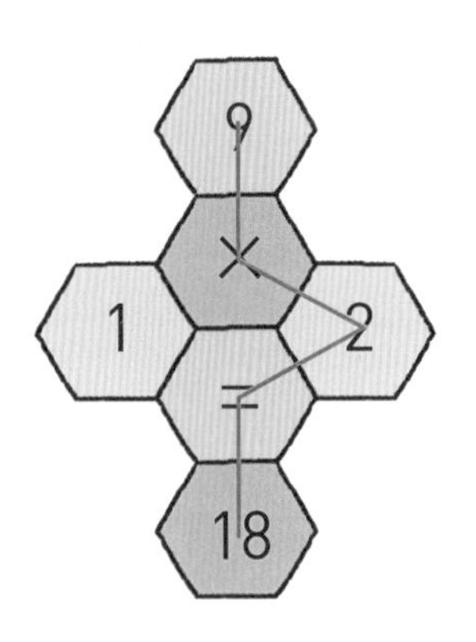

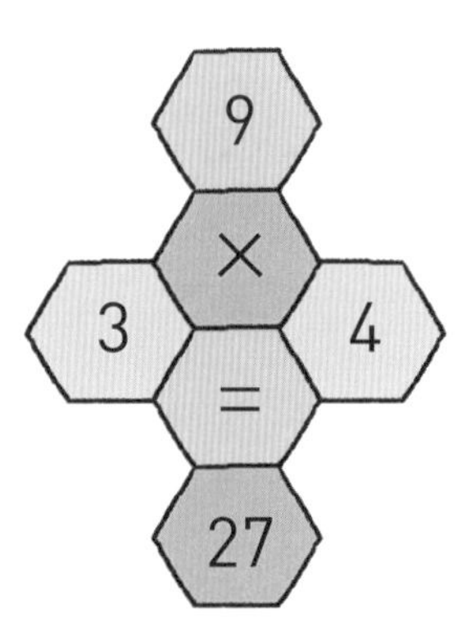

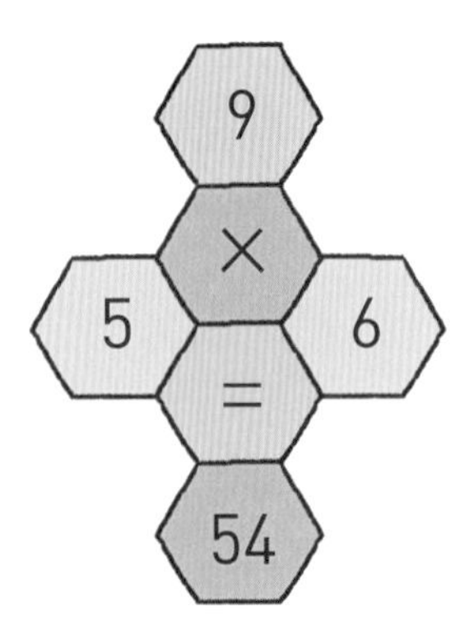

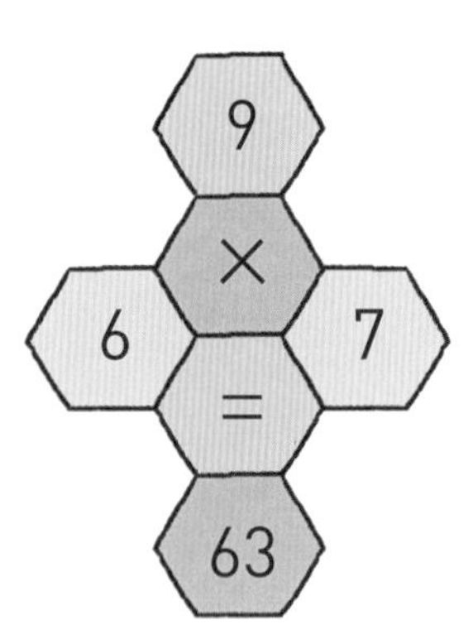

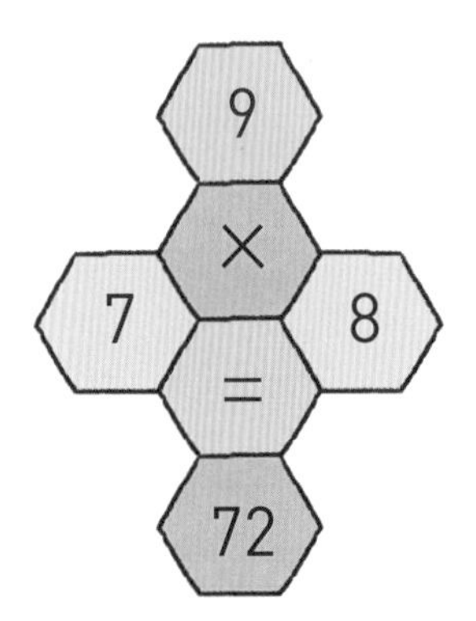

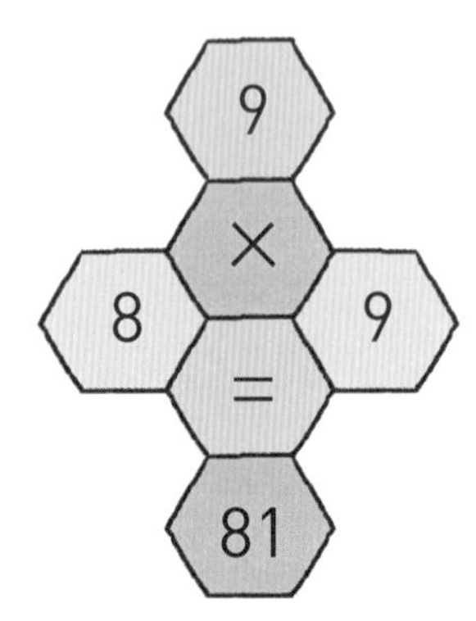

5 다음 빈칸에 알맞은 수를 쓰세요.

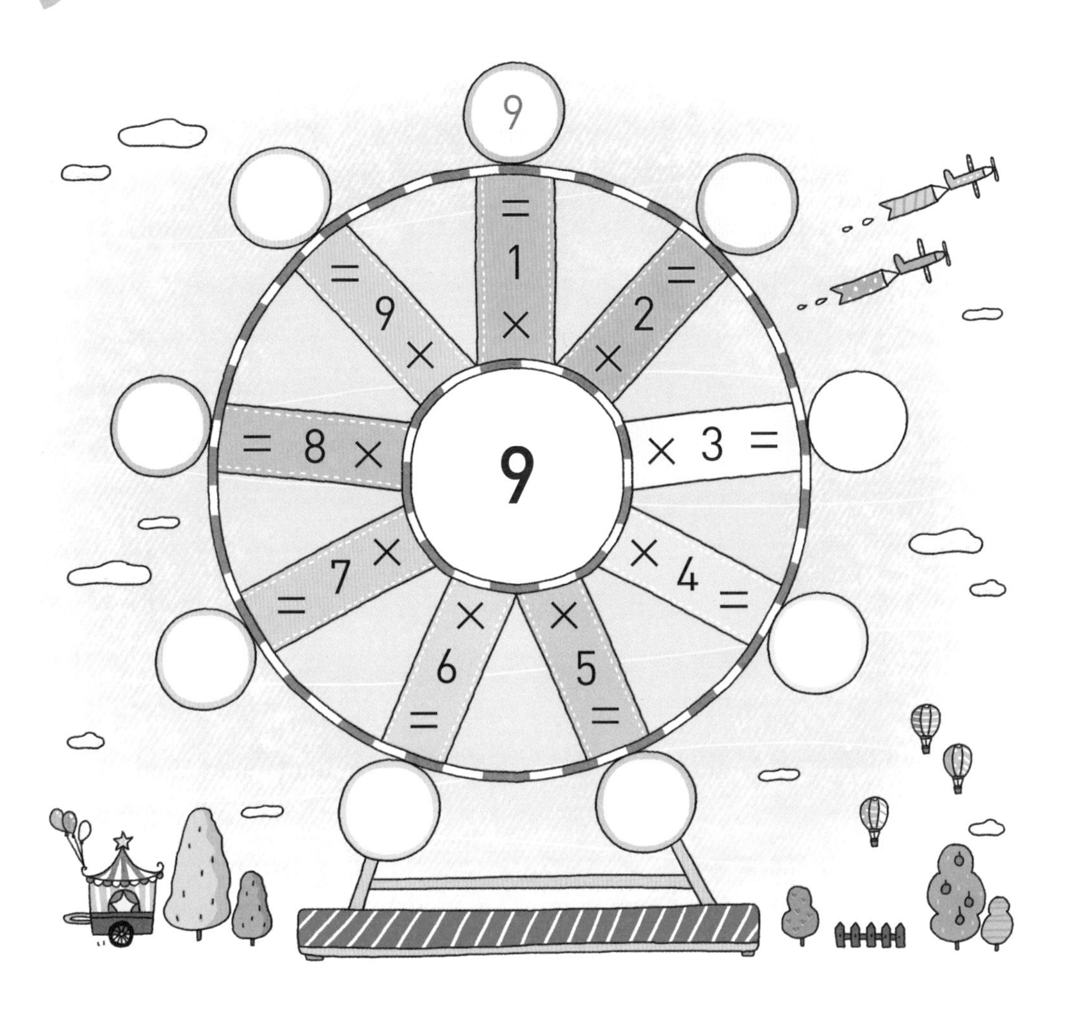

9 × ☐ = 27　　9 × ☐ = 36　　9 × ☐ = 9

9 × ☐ = 45　　9 × ☐ = 72　　9 × ☐ = 54

9 × ☐ = 18　　9 × ☐ = 63　　9 × ☐ = 81

1 다음 빈칸을 채우세요.

❶ $2\times4=8$
$2\times5=\square$ (+ $\square$)

❷ $3\times4=12$
$3\times5=\square$ (+ $\square$)

❸ $4\times4=16$
$4\times5=\square$ (+ $\square$)

❹ $5\times3=15$
$5\times4=\square$ (+ $\square$)

❺ $6\times4=24$
$6\times5=\square$ (+ $\square$)

❻ $7\times8=56$
$7\times9=\square$ (+ $\square$)

❼ $8\times2=16$
$8\times3=\square$ (+ $\square$)

❽ $9\times4=36$
$9\times5=\square$ (+ $\square$)

2 보기 와 같이 곱셈을 하여 빈 곳에 알맞은 수를 써넣으세요.

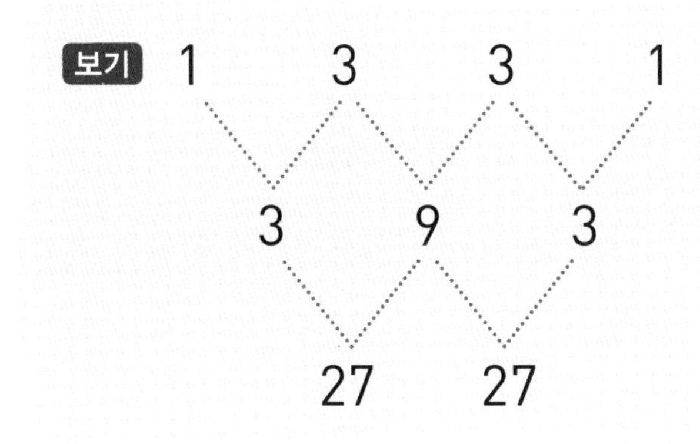

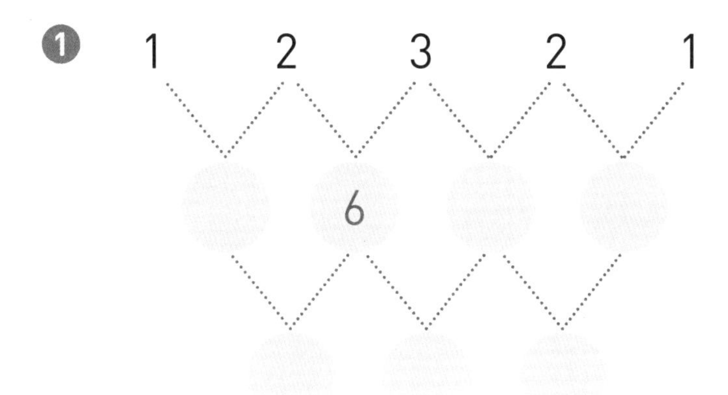

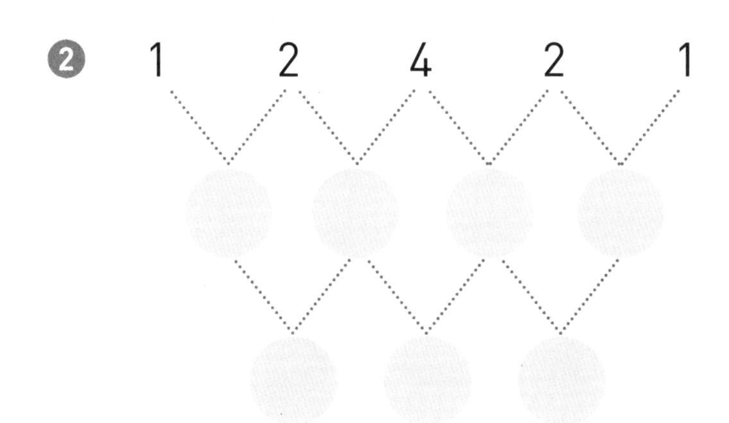

3 다음 빈칸을 채우세요.

❶ $2 \times 2 = \square$　　$2 \times \square = 12$　　$2 \times \square = 8$

❷ $3 \times 5 = \square$　　$3 \times \square = 6$　　$3 \times \square = 12$

❸ $4 \times 2 = \square$　　$4 \times \square = 16$　　$4 \times \square = 28$

❹ $5 \times 3 = \square$　　$5 \times \square = 20$　　$5 \times \square = 40$

❺ $6 \times 7 = \square$　　$6 \times \square = 36$　　$6 \times \square = 54$

❻ $7 \times 2 = \square$　　$7 \times \square = 21$　　$7 \times \square = 42$

❼ $8 \times 4 = \square$　　$8 \times \square = 48$　　$8 \times \square = 72$

❽ $9 \times 3 = \square$　　$9 \times \square = 36$　　$9 \times \square = 54$

4 다음 곱셈을 하세요.

❶

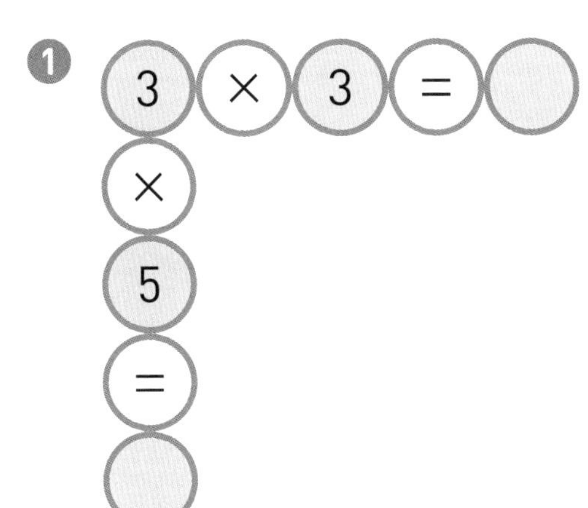

❷

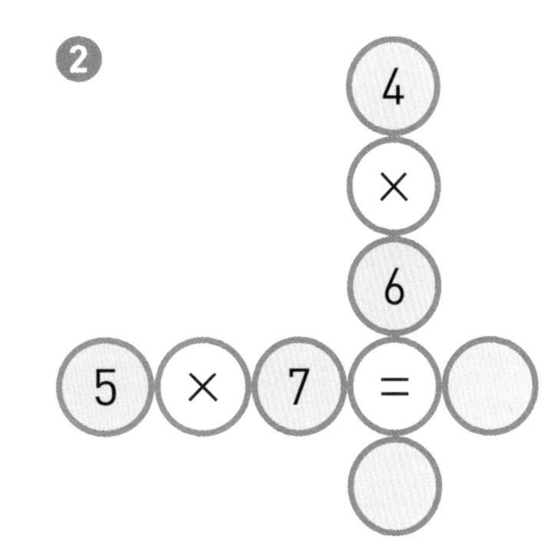

❸

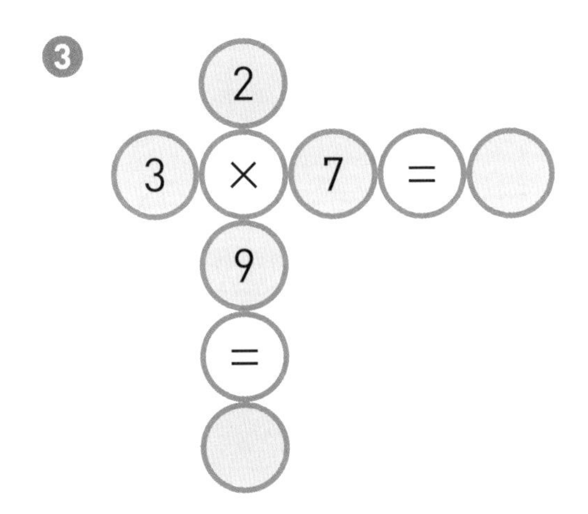

❹

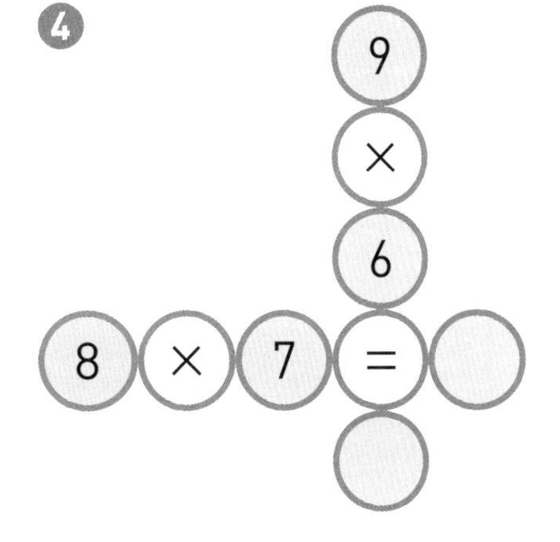

5 길이가 같은 막대가 여러 개 놓여 있어요. 전체 막대의 길이를 구하세요.

보기

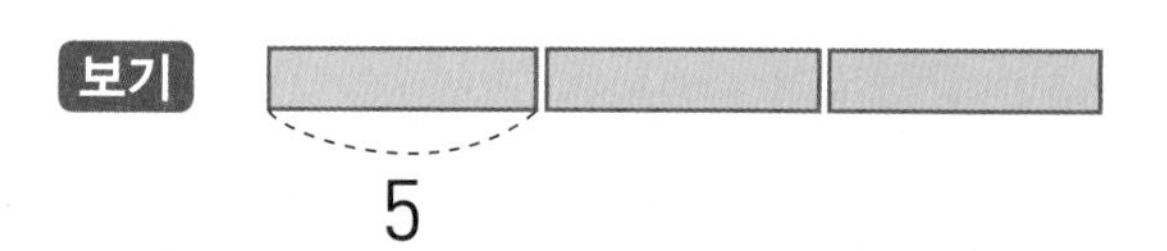

$5 \times 3 = 15$

❶

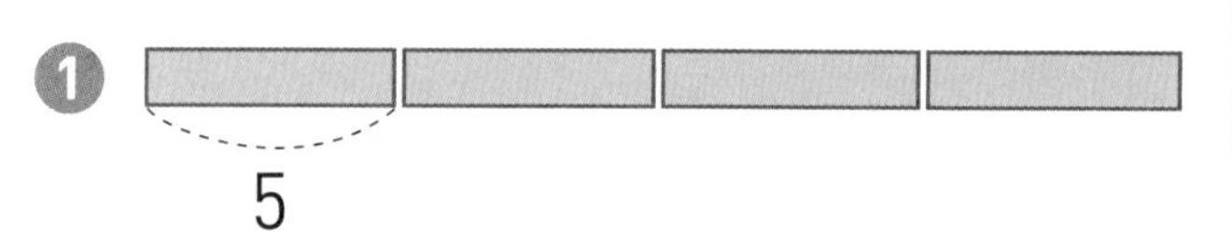

□ × □ = □

❷ 3

□ × □ = □

❸ 3

□ × □ = □

❹ 4

□ × □ = □

❺ 2

□ × □ = □

6 3, 6, 9 게임을 해 본 적이 있나요?

3, 6, 9라는 숫자가 들어있는 수를 말하면 안 되는 게임이에요.
단순하지만 생각보다 잘 틀린답니다. 아래 계산을 한 후, 수에 해당되는 글자를 찾아 빈칸에 써보세요.

3, 6, 9 게임에서 걸리는 숫자는

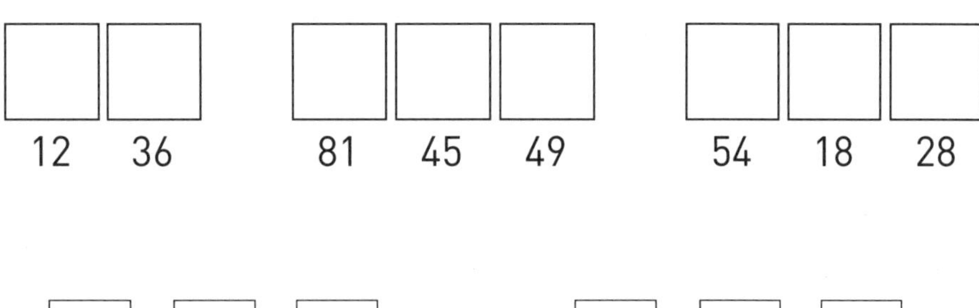

식	글자	식	글자
3 × 4 =	삼	7 × 4 =	다
6 × 9 =	아	9 × 5 =	수
3 × 6 =	니	7 × 7 =	가
9 × 9 =	배	9 × 4 =	의

숫자 놀이 1

곱셈구구 선을 그려요

3의 단, 4의 단, 5의 단의 수를 차례로 선으로 이으세요.

보기

15 11 16 18
14 8 14 5
6 6 10 12
2 4 7 11

❶

14 24 30 27
12 15 21 24
9 5 18 5
3 6 14 24

❷

20 18 32 36
5 15 28 24
8 12 16 20
4 4 2 32

❸

30 15 50 45
15 20 25 40
5 15 30 35
5 10 35 10

숫자 놀이 2

육각형 안에 셈을 만들어요

육각형 안에 수 또는 연산 기호가 있어요. 곱셈의 식이 성립하게 육각형에 선을 그어주세요. 각각의 육각형에는 딱 한 번만 선이 지나가야 합니다.

보기

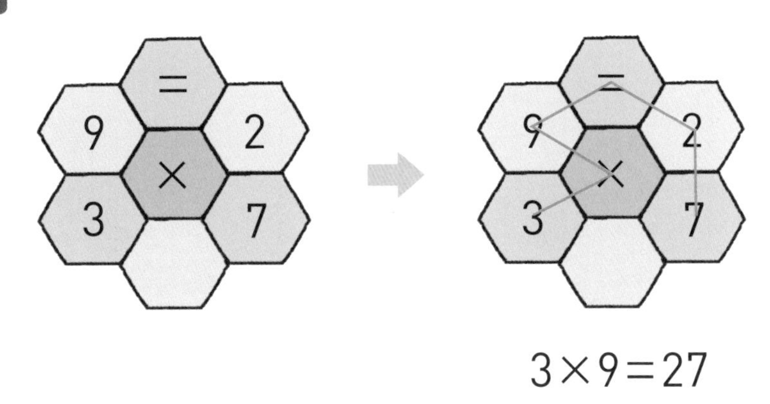

3×9=27

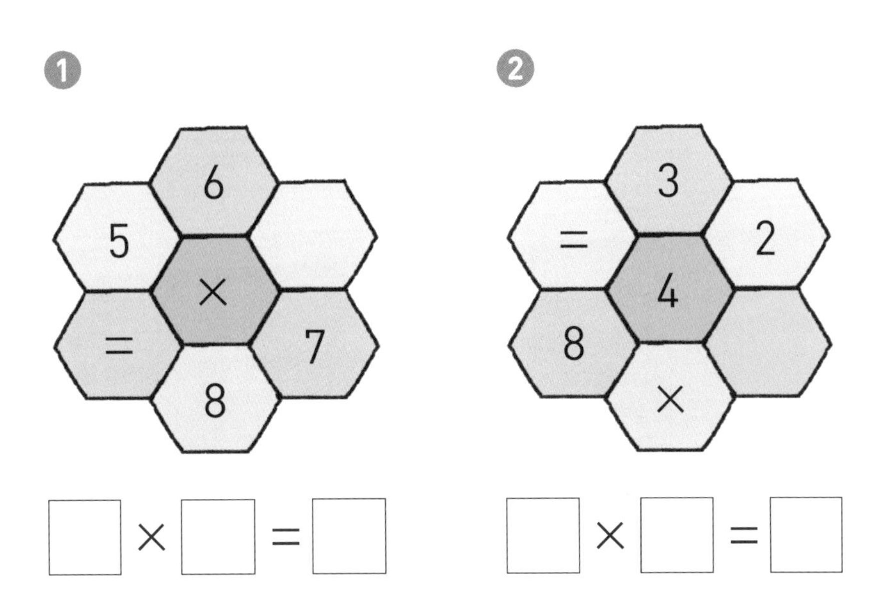

숫자 놀이 3

곱셈 사다리 타기를 해요

사다리 타기를 하여 도착한 곳에 곱셈 결과를 쓰세요.

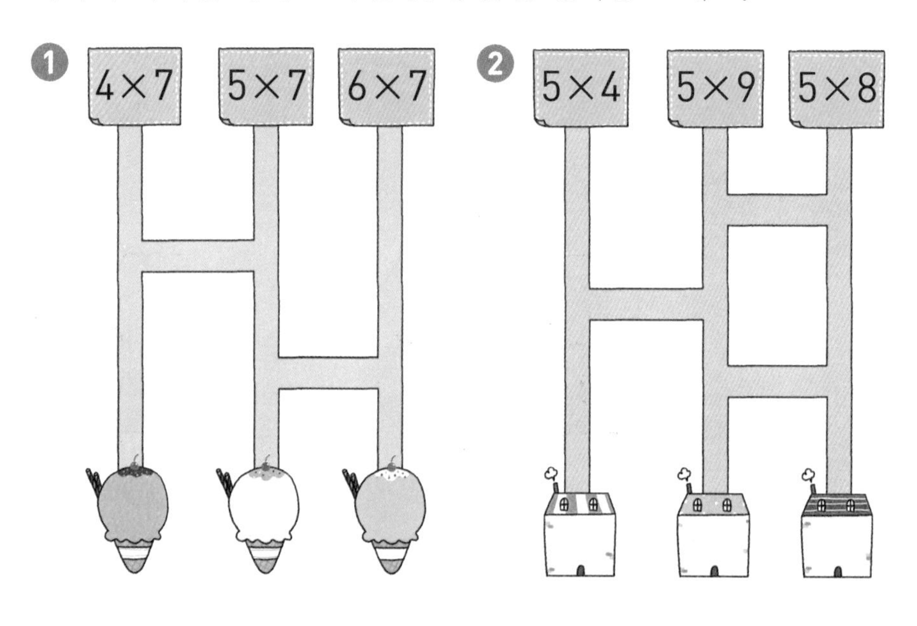

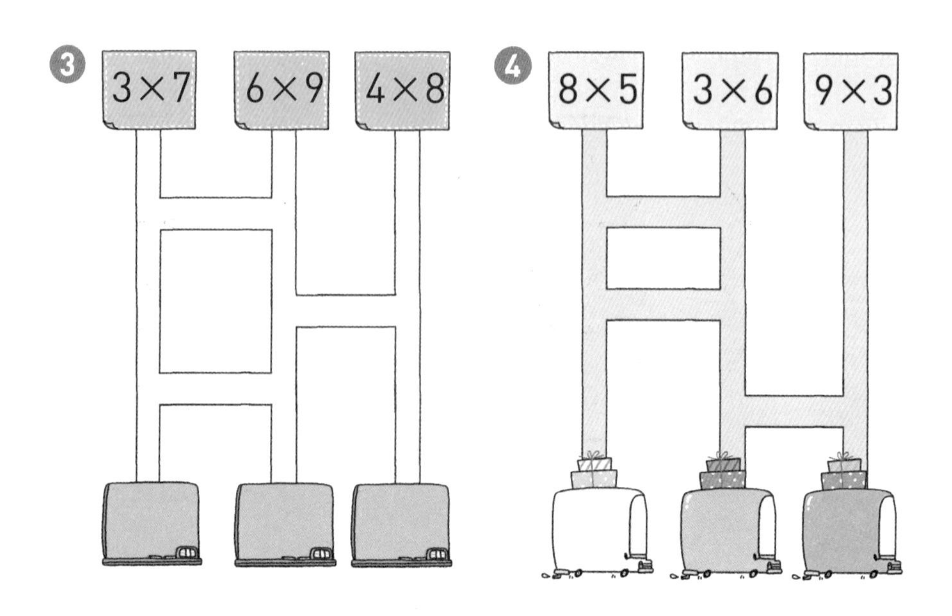

곱을 맞춰요

보기에서 두 대각선의 수들을 모두 곱하면 결과가 똑같아요.
아래의 빈칸에 알맞은 수를 써서 이와 같이 만들어 보세요.

보기

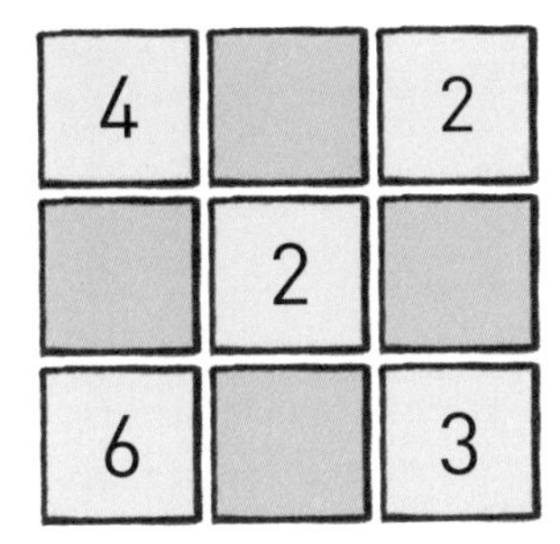

두 대각선의 수들을 곱하면
$4 \times 2 \times 3 = 24$
$2 \times 2 \times 6 = 24$
로 같다.

❶

		4
	2	
		2

곱이 32입니다.

❷

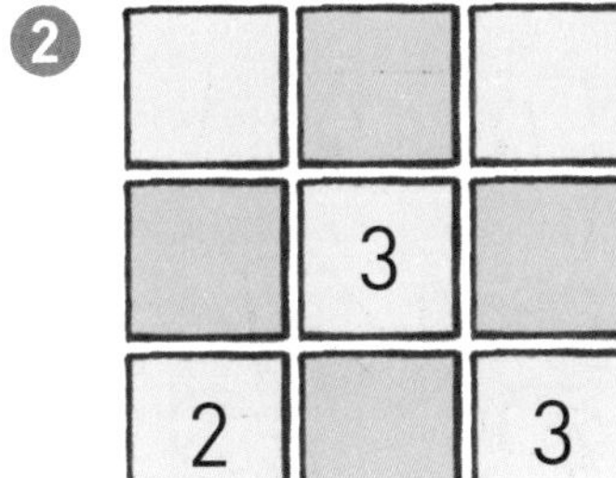

곱이 36입니다.

❸

	5	
1		2

곱이 30입니다.

❹

		3
	2	
		2

곱이 24입니다.

곱셈구구 뛰어넘기

곱셈구구를 넘어

1의 단 1×3 ➡ 1개짜리 3묶음
➡ 3개
➡ $1 \times 3 = 3$

1에 어떤 수를 곱하면 그 수 그대로입니다.

0의 단 0×3 ➡ 0개짜리 3묶음
➡ 0개
➡ $0 \times 3 = 0$

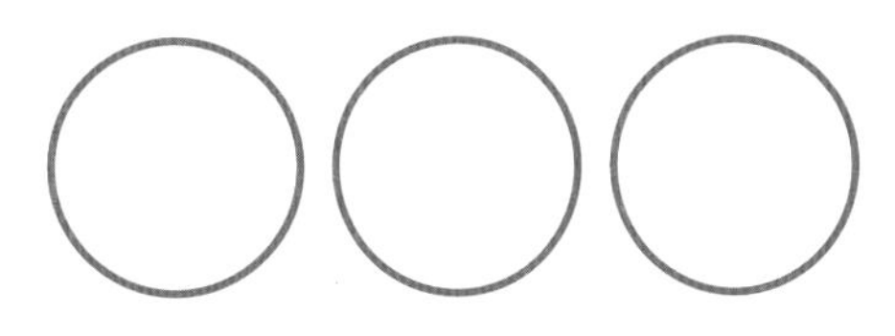

0에 어떤 수를 곱하면 항상 0이 됩니다.

10의 단 10×3 ➡ 10개짜리 3묶음
➡ 30개
➡ $10 \times 3 = 30$

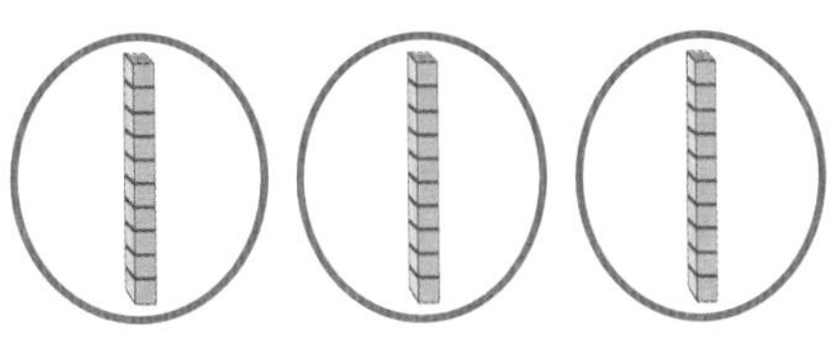

10에 어떤 수를 곱하면 어떤 수의 오른쪽 끝에 0을 더 쓰면 됩니다.

곱셈구구의 비밀

8×4는 4×8로 외우면 더 편하고 9×6은 6×9로 외우면 더 편합니다. 따라서 곱셈구구를 아래 칸과 같이 절반만 외우면 돼요.

×	2	3	4	5	6	7	8	9
2	4	6	8	10	12	14	16	18
3		9	12	15	18	21	24	27
4			16	20	24	28	32	36
5				25	30	35	40	45
6					36	42	48	54
7						49	56	63
8							64	72
9								81

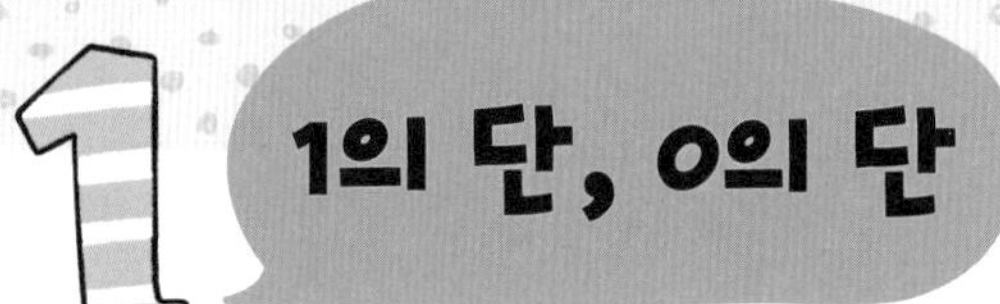

1 × 3 ➡ 1개짜리 3묶음
➡ 3개
➡ 1 × 3=3

1에 어떤 수를 곱하면 어떤 수 그대로입니다.

1 1 × 2=　　　　1 × 3=

2 1 × 4=　　　　1 × 5=

3 1 × 6=　　　　1 × 7=

4 1 × 8=　　　　1 × 9=

5 4 × 1=　　　　5 × 1=

6 6 × 1=　　　　7 × 1=

0×3 ➡ 0개짜리 3묶음
➡ 0개
➡ $0 \times 3 = 0$

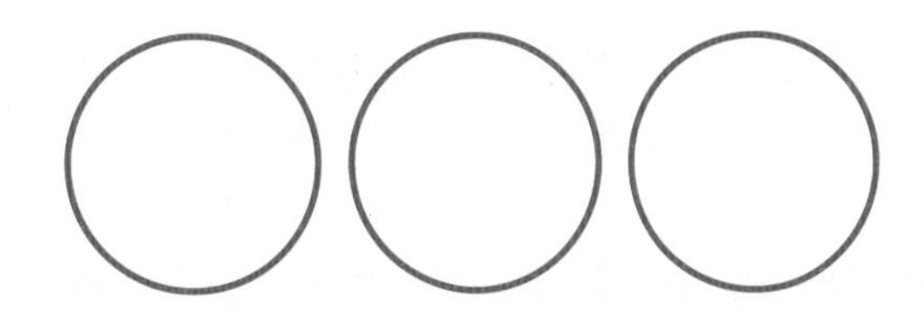

0에 어떤 수를 곱하면 항상 0이 됩니다.

7 $0 \times 2 =$ $\qquad$ $0 \times 3 =$

8 $0 \times 4 =$ $\qquad$ $0 \times 5 =$

9 $0 \times 6 =$ $\qquad$ $0 \times 7 =$

10 $0 \times 8 =$ $\qquad$ $0 \times 9 =$

11 $6 \times 0 =$ $\qquad$ $7 \times 0 =$

12 $8 \times 0 =$ $\qquad$ $9 \times 0 =$

10의 단, 11의 단

10×3 ➡ 10개짜리 3묶음
➡ 30개
➡ $10 \times 3 = 30$

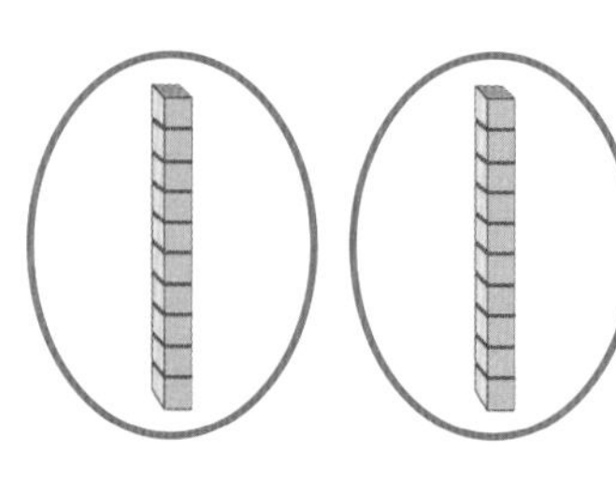
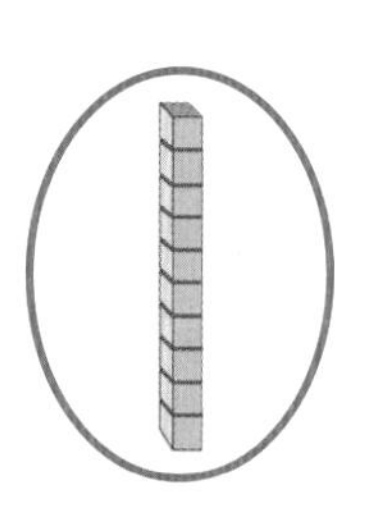

10에 어떤 수를 곱하면 어떤 수의 오른쪽 끝에 0을 더 쓰면 됩니다.

1 $10 \times 2 =$ $\qquad$ $10 \times 3 =$

2 $10 \times 4 =$ $\qquad$ $10 \times 5 =$

3 $10 \times 6 =$ $\qquad$ $10 \times 7 =$

4 $10 \times 8 =$ $\qquad$ $10 \times 9 =$

5 $4 \times 10 =$ $\qquad$ $5 \times 10 =$

6 $6 \times 10 =$ $\qquad$ $7 \times 10 =$

보기

(2) ×10 → (20) ×1 → (20)

7 (3) ×10 → ( ) ×1 → ( )

8 (4) ×10 → ( ) ×1 → ( )

9 (5) ×10 → ( ) ×1 → ( )

10 (7) ×1 → ( ) ×10 → ( )

11 (8) ×1 → ( ) ×10 → ( )

11 × 3 ➡ 11개짜리 3묶음
➡ 33개
➡ 11 × 3 = 33

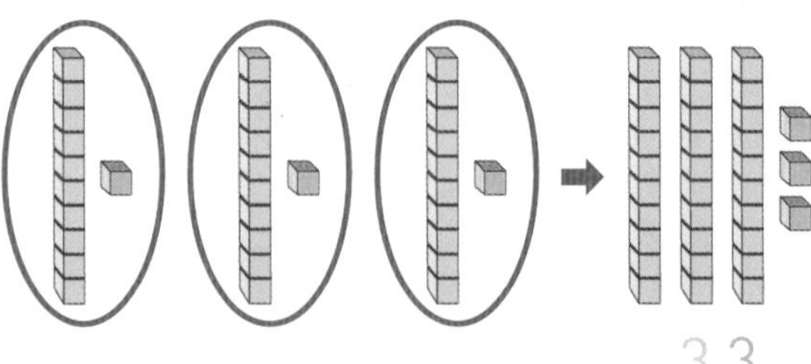

3 3
십의 자리 일의 자리

11에 '어떤 수'를 곱하면 십의 자리, 일의 자리 모두 '어떤 수'가 됩니다.

12 11 × 2 =　　　　11 × 3 =

13 11 × 4 =　　　　11 × 5 =

14 11 × 6 =　　　　11 × 7 =

15 11 × 8 =　　　　11 × 9 =

16 4 × 11 =　　　　5 × 11 =

17 6 × 11 =　　　　7 × 11 =

보기

18 (3) → × 11 → ( ) → × 1 → ( )

19 (4) → × 11 → ( ) → × 0 → ( )

20 (5) → × 11 → ( ) → × 0 → ( )

21 (7) → × 1 → ( ) → × 11 → ( )

22 (8) → × 1 → ( ) → × 11 → ( )

3 제곱수

2 × 2, 3 × 3과 같이 같은 수를 두 번 곱한 수를 제곱수라고 합니다.
제곱수는 자주 등장하므로 곱셈구구처럼 외워놓으면 편리합니다.

2의 제곱 $2 \times 2 = 4$
3의 제곱 $3 \times 3 = 9$
4의 제곱 $4 \times 4 = 16$
5의 제곱 $5 \times 5 = 25$
6의 제곱 $6 \times 6 = 36$
7의 제곱 $7 \times 7 = 49$
8의 제곱 $8 \times 8 = 64$
9의 제곱 $9 \times 9 = 81$
10의 제곱 $10 \times 10 = 100$

보기 그림에서 사각형의 개수는
(가로에 있는 사각형의 수) ×
(세로에 있는 사각형의 수)이므로
$3 \times 3 = 9$개이다.

1 그림에서 사각형의 개수는
(가로에 있는 사각형의 수) ×
(세로에 있는 사각형의 수)이므로

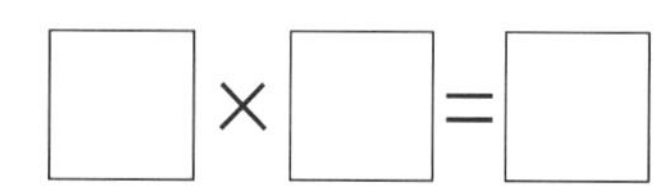

2 그림에서 사각형의 개수는
(가로에 있는 사각형의 수) ×
(세로에 있는 사각형의 수)이므로

□ × □ = □

3 그림에서 사각형의 개수는
(가로에 있는 사각형의 수) ×
(세로에 있는 사각형의 수)이므로

□ × □ = □

4 그림에서 사각형의 개수는
(가로에 있는 사각형의 수) ×
(세로에 있는 사각형의 수)
이므로

□ × □ = □

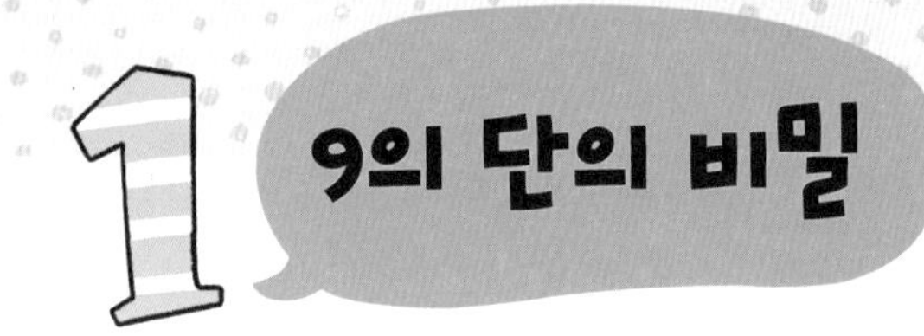

손가락으로 9의 단을 계산할 수 있어요.
먼저 양손 열 개의 손가락을 모두 폅니다. 만약 4 × 9를 하려면 왼쪽에서부터 4를 뜻하는 네 번째 손가락을 접으세요.
접은 손가락의 왼쪽에 있는 손가락의 수 3이 십의 자리, 오른쪽에 있는 손가락의 수 6이 일의 자리입니다. 그래서 4 × 9 = 36입니다.

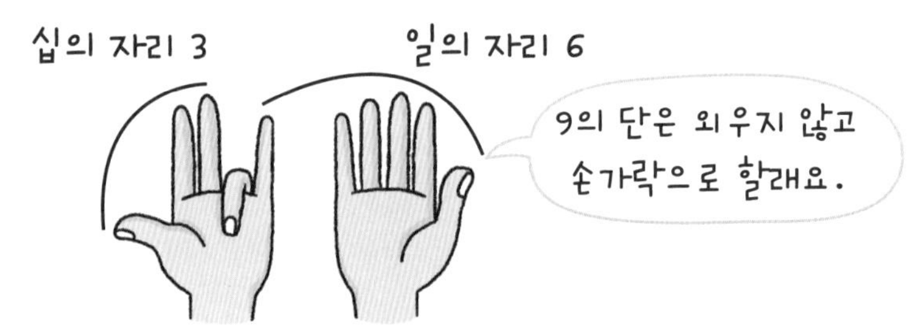

1 5 × 9를 손가락을 이용하여 계산해 봅시다.
먼저 그림에서 접어야 하는 손가락을 접어주세요.
그 다음에 접은 손가락의

왼쪽에 있는 손가락은 ____개,

오른쪽에 있는 손가락은 ____개입니다.

따라서 5 × 9 = ____입니다.

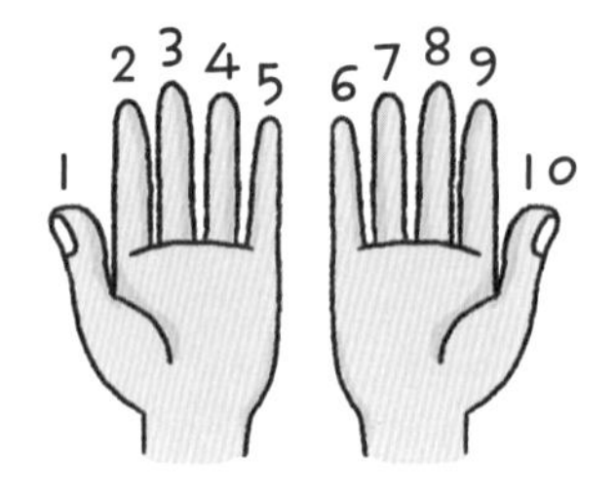

2 6 × 9를 손가락을 이용하여 계산해 봅시다.
먼저 그림에서 접어야 하는 손가락을 접어주세요.
그 다음에 접은 손가락의

왼쪽에 있는 손가락은 ____개,

오른쪽에 있는 손가락은 ____개입니다.

따라서 6 × 9 = ____입니다.

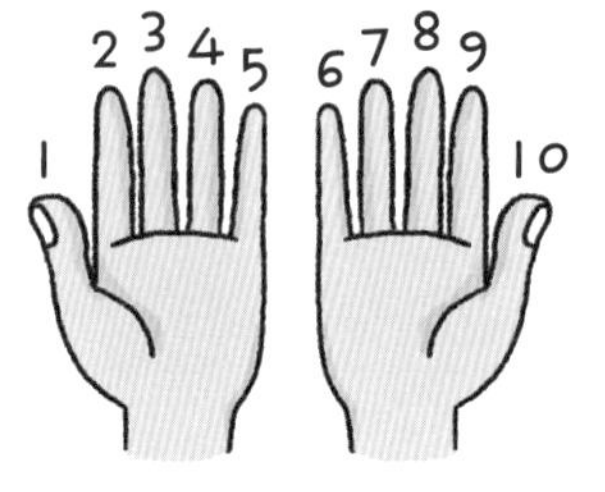

3 7×9를 손가락을 이용하여 계산해 봅시다.
먼저 그림에서 접어야 하는 손가락을 접어주세요.
그 다음에 접은 손가락의

왼쪽에 있는 손가락은 ____개,

오른쪽에 있는 손가락은 ____개입니다.

따라서 $7 \times 9 =$ ____입니다.

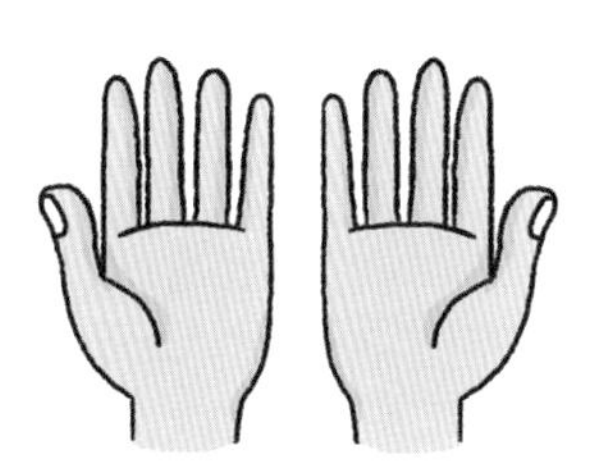

4 8×9를 손가락을 이용하여 계산해 봅시다.
먼저 그림에서 접어야 하는 손가락을 접어주세요.
그 다음에 접은 손가락의

왼쪽에 있는 손가락은 ____개,

오른쪽에 있는 손가락은 ____개입니다.

따라서 $8 \times 9 =$ ____입니다.

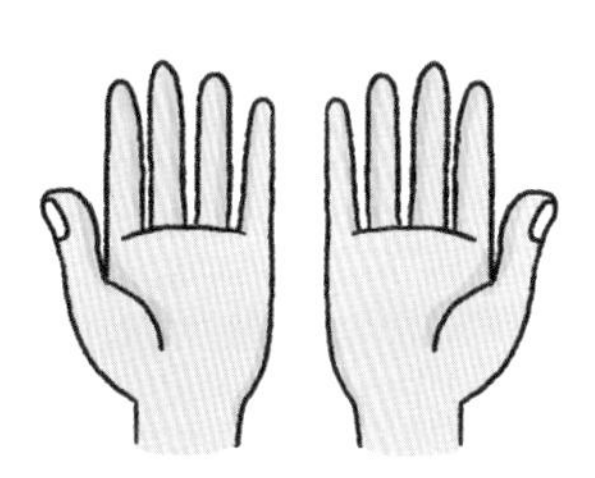

5 아래 빈칸에 알맞은 수를 써보세요.

$1 \times 9 = 9$ ➡ 9

$2 \times 9 = 18$ ➡ $1 + 8 = 9$

$3 \times 9 = 27$ ➡ $2 + 7 = 9$

$4 \times 9 = 36$ ➡ $3 + 6 = \square$

$5 \times 9 = 45$ ➡ $4 + 5 = \square$

$6 \times 9 = 54$ ➡ $5 + 4 = \square$

$7 \times 9 = 63$ ➡ $6 + 3 = \square$

$8 \times 9 = 72$ ➡ $7 + 2 = \square$

알고보면 9의 단은
외우기 정말 쉬워요.

9의 단에는 재미있는 특징이 있어요.

9의 단에서 각 자리의 수를 더하면 항상 $\square$ 입니다.

6 9의 단을 외워보아요.

4	

5

1	

2 9 4

3	

3

2	

	4

6

	3

7 9 9

	1

8

	2

손가락으로 1, 2, 3, 4, …, 9를 다음과 같이 세기로 해요. 오른손도 마찬가지로 엄지 손가락부터 세면 됩니다.

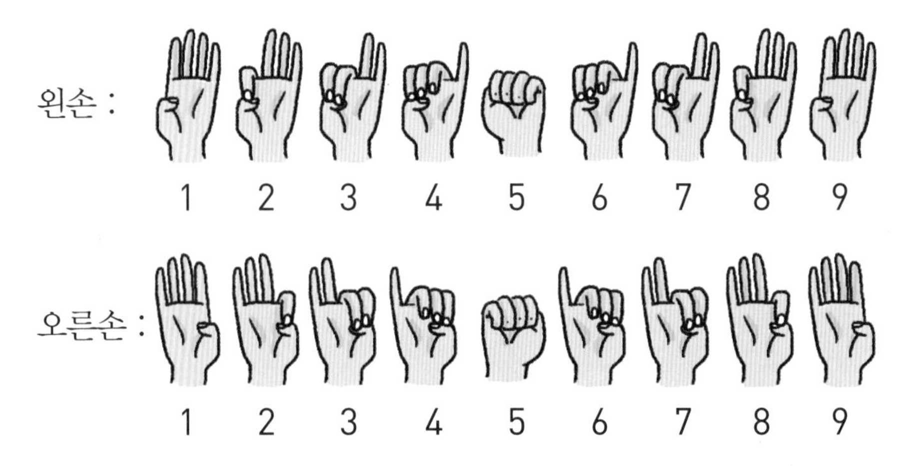

이제 손가락으로 곱셈구구를 할 수 있어요.
곱하려는 두 수를 각각 왼손, 오른손으로 세요. 그리고는 편 손가락의 수는 더해서 십의 자리, 접힌 손가락의 수는 곱해서 일의 자리로 읽습니다. 단, 6 이상의 곱셈만 손가락으로 합니다.

보기 9 × 7을 손가락으로 해봅시다.
왼손에는 9를 세고, 오른손에는 7을 세면 아래와 같습니다.

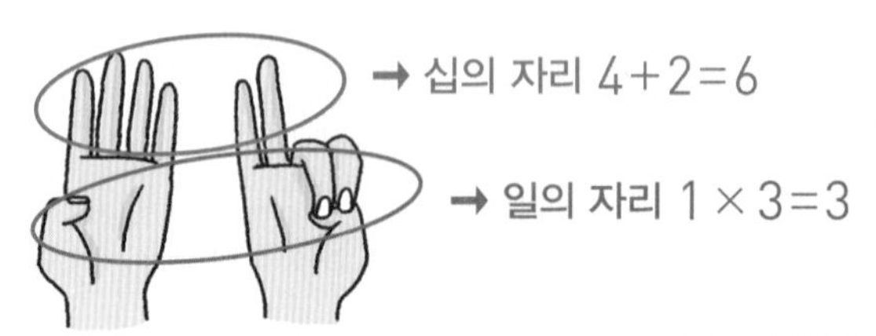

편 손가락의 수는 더해서 십의 자리 : $4+2=6$
접힌 손가락의 수는 곱해서 일의 자리 : $1\times3=3$
➡ $9\times7=63$

1 8 × 7을 손가락으로 해봅시다.

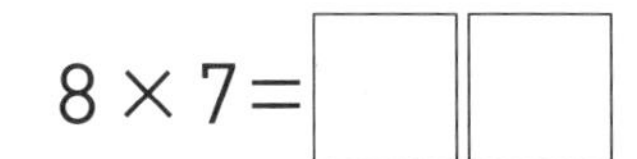

8 × 7 = □□

2 8 × 8을 손가락으로 해봅시다.

편 손가락은 더하고
접힌 손가락은 곱해요.

8 × 8 = □□

3 9 × 6을 손가락으로 해봅시다.

9 × 6 = □□

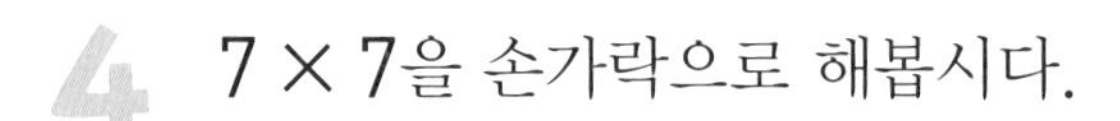

4 7×7을 손가락으로 해봅시다.

$7\times7=$ □□

5 8×9를 손가락으로 해봅시다.

$8\times9=$ □□

6 6×8을 손가락으로 해봅시다.

$6\times8=$ □□

보기

6×7을 손가락으로 해봅시다.

왼손에는 6을 세고, 오른손에는 7을 세면 아래와 같습니다.

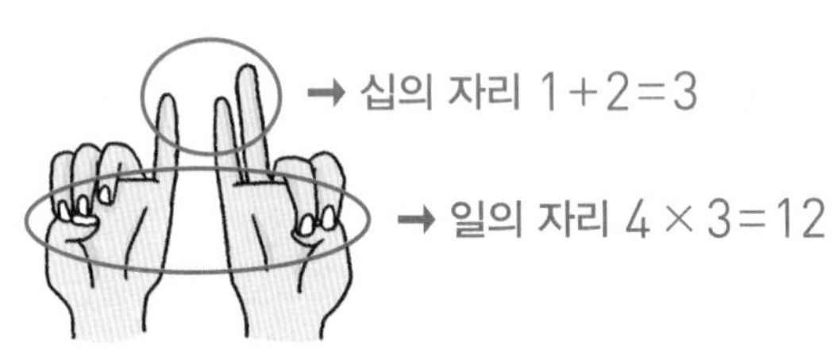

편 손가락의 수는 더해서 십의 자리 : $1+2=3$

접힌 손가락의 수는 곱해서 일의 자리 : $4 \times 3=12$

➡ 6×7 ➡

$$\begin{array}{r} 3\ 0 \\ +1\ 2 \\ \hline 4\ 2 \end{array}$$

7 6×6을 손가락으로 해봅시다.

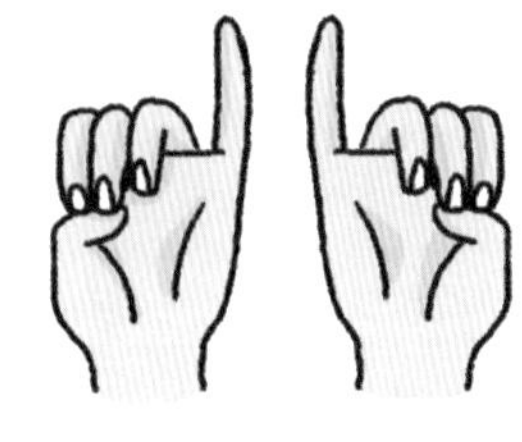

$6 \times 6=$ □□

8 7×6을 손가락으로 해봅시다.

$7 \times 6=$ □□

3 두 배로 하는 곱셈

어떤 수를 계속 두 배 하면서 곱셈을 할 수 있어요.
5×6을 이와 같이 계산해 볼까요?

(1) 1과 5를 씁니다.

1	5

(2) 1 밑에 1의 두 배, 5 밑에 5의 두 배를 쓰세요.

1	5
2	10

(3) 그 밑에 또 두 배인 수를 씁니다.

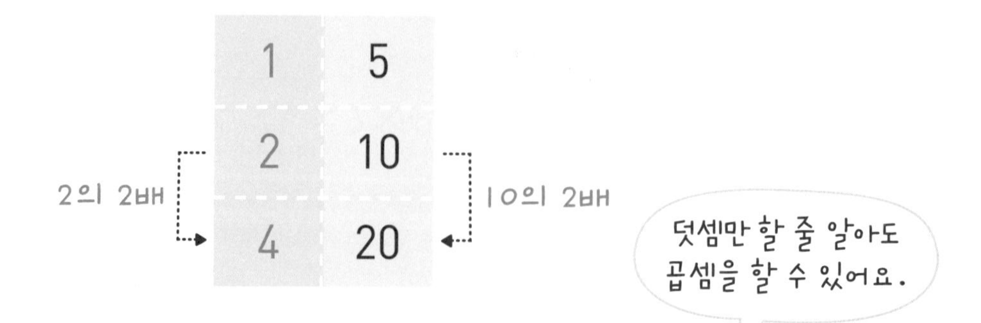

(4) $6=2+4$이므로 2 오른쪽의 수 10, 4 오른쪽의 수 20을 더하면 됩니다. 즉, $5 \times 6=10+20=30$

1 5×9를 계산해 봅시다.

1	5
2	10
4	20
8	40

$9=1+8$이므로 1 오른쪽의 수 ____, 8 오른쪽의 수 ____을

더하면 됩니다. 즉, $5 \times 9=$____$+$____$=$____

2 6×9를 계산해 봅시다.

1	6
2	12
4	
8	

$9=1+8$이므로 1 오른쪽의 수 ____, 8 오른쪽의 수 ____을

더하면 됩니다. 즉, $6 \times 9=$____$+$____$=$____

3 7×8을 계산해 봅시다.

1	7
2	14
4	
8	

지금으로부터 3천 년 전, 고대 이집트 사람들은 이런 방법으로 곱셈을 했어요.

$8=8$이므로 8 오른쪽의 수 ____을 쓰면 됩니다. 즉, $7 \times 8=$ ____

4 7×11을 계산해 봅시다.

1	7
2	14
4	
8	

$11=1+2+8$이므로 1 오른쪽의 수 ____, 2 오른쪽의 수 ____,

8 오른쪽의 수 ____을 더하면 됩니다.

즉, $7 \times 11=$ ____ + ____ + ____ = ____

다음을 계산해 봅시다.

1	8
2	16
4	
8	

5 7=1+2+4이므로

8×7=____+____+____=____

6 11=1+2+8이므로

8×11=____+____+____=____

7 12=4+8이므로

8×12=____+____=____

곱셈구구의 규칙

2 × 3과 3 × 2는 같습니다.
곱셈에서는 두 수의 순서를 바꾸어 곱해도 되니까
곱셈구구를 모두 외울 필요는 없어요.
8 × 4는 4 × 8로 외우면 더 편하고,
9 × 6은 6 × 9로 외우면 더 편합니다.
따라서 곱셈구구는 아래 칸과 같이 절반만 외우면 돼요.

×	2	3	4	5	6	7	8	9
2	4	6	8	10	12	14	16	18
3		9	12	15	18	21	24	27
4			16	20	24	28	32	36
5				25	30	35	40	45
6					36	42	48	54
7						49	56	63
8							64	72
9								81

1 파란 색 수는 2의 단입니다. 2의 단에서는 수가 몇씩 커집니까?

2 빨간 색 수는 6의 단입니다. 6의 단에서는 수가 몇씩 커집니까?

3 수가 3씩 커지면 몇 단입니까? 왼쪽 곱셈구구표에서 찾아 ( ) 로 묶어 보세요.

4 수가 4씩 커지면 몇 단입니까? 왼쪽 곱셈구구표에서 찾아 ( ) 로 묶어 보세요.

5 수가 5씩 커지면 몇 단입니까? 왼쪽 곱셈구구표에서 찾아 ( ) 로 묶어 보세요.

6 다음 빈칸에 알맞은 수를 쓰세요.

$9 \times 6 = 6 \times 9 = \square$　　$9 \times 4 = 4 \times 9 = \square$

$8 \times 6 = 6 \times 8 = \square$　　$8 \times 2 = 2 \times 8 = \square$

$9 \times 3 = 3 \times 9 = \square$　　$7 \times 4 = 4 \times 7 = \square$

7 다음 빈칸에 알맞은 수를 쓰세요.

$7 \times 3 = 3 \times 7 = \square$　　$9 \times 2 = 2 \times 9 = \square$

$8 \times 7 = 7 \times 8 = \square$　　$6 \times 4 = 4 \times 6 = \square$

$9 \times 7 = 7 \times 9 = \square$　　$8 \times 4 = 4 \times 8 = \square$

8 다음 빈칸에 알맞은 수를 쓰세요.

12=2 × ☐ =3 × ☐

16=2 × ☐ =4 × ☐

24=3 × ☐ =4 × ☐

36=6 × ☐ =4 × ☐

9 아래 표에서 (ㄱ)에 들어갈 수는 8 × 4 또는 4 × 8입니다. 곱셈구구를 간단히 외워서 아래 빈칸들을 채워보세요.

×	2	3	4	5	6	7	8	9
2	4		8	10	12	14	16	18
3		9		15		21	24	27
4			16	20		28	(ㄱ)	36
5				25	30	35		
6					36	42		
7						49		
8							64	72
9								81

1 곱이 같은 것끼리 선으로 이으세요.

❶ 2×8 •	• ㉠ 6×4
❷ 4×6 •	• ㉡ 2×7
❸ 7×2 •	• ㉢ 8×7
❹ 3×8 •	• ㉣ 8×3
❺ 7×8 •	• ㉤ 7×6
❻ 6×7 •	• ㉥ 8×2

2 곱해서 동그라미 안의 수가 되는 곱셈식을 모두 찾아 색칠하세요.

3 다음 빈칸을 채우세요.

❶ $0 \times 2 = \square$ $0 \times 5 = \square$ $0 \times 9 = \square$

$9 \times 0 = \square$ $4 \times 0 = \square$ $7 \times 0 = \square$

❷ $1 \times \square = 6$ $1 \times \square = 5$ $1 \times \square = 4$

$1 \times \square = 9$ $1 \times \square = 8$ $1 \times \square = 7$

❸ $10 \times 3 = \square$ $10 \times \square = 20$ $10 \times \square = 40$

$10 \times 7 = \square$ $10 \times \square = 30$ $10 \times \square = 50$

❹ $11 \times 2 = \square$ $11 \times \square = 33$ $11 \times \square = 44$

$11 \times 6 = \square$ $11 \times \square = 88$ $11 \times \square = 77$

4 다음 곱셈을 하세요.

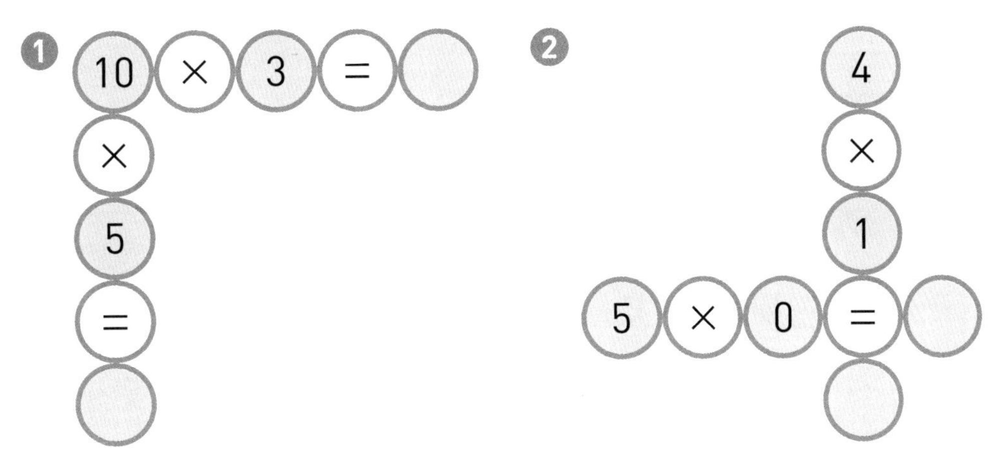

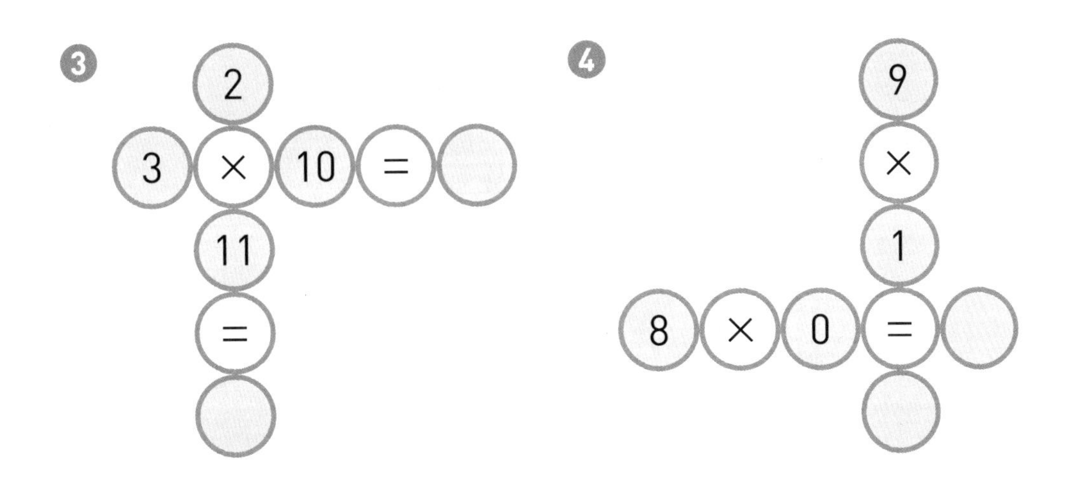

5 다음 그림에서 귤은 모두 몇 개인지 구하는 식으로 옳은 것을 모두 고르세요.

❶

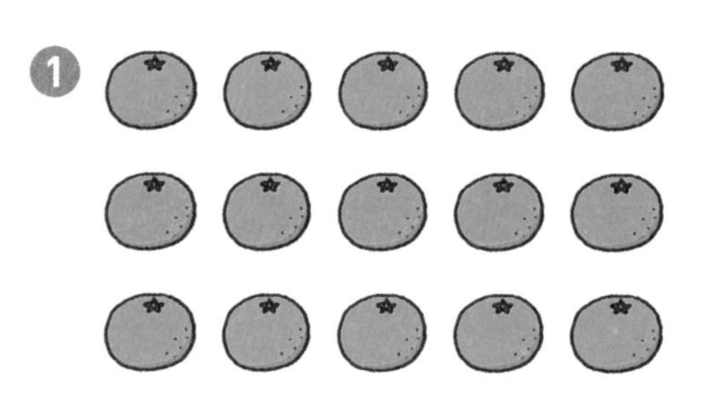

㉠ 3×5　　㉡ 4×5　　㉢ 5×5　　㉣ 5×3

❷

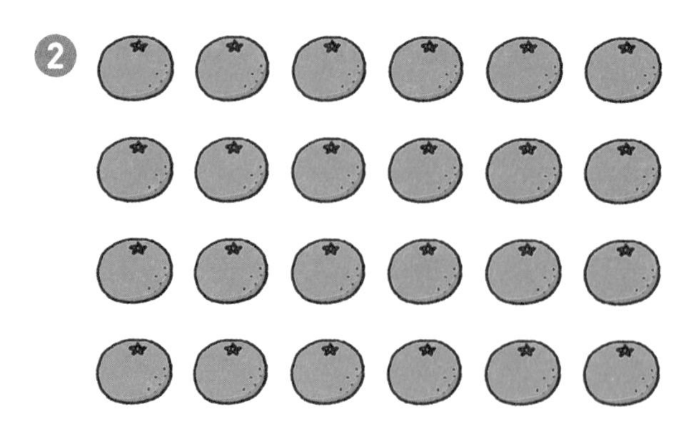

㉠ 5×6　　㉡ 6×4　　㉢ 4×6　　㉣ 5×4

6 소녀가 짐을 나르는데 아주 무거워요. 짐의 무게를 가볍게 하려면 어떻게 하면 될까요? 아래 계산을 한 후, 수에 해당되는 글자를 찾아 빈칸에 써보세요.

□	□	□	□	□
0	99	1	48	70

0 × 9 = 영

11 × 9 = 을

6 × 8 = 한

10 × 7 = 다

12 × 곱 = 12

숫자 놀이 1

육각형 안에 셈을 만들어요

육각형 안에 수 또는 연산 기호가 있어요. 곱셈의 식이 성립하게 육각형에 선을 그어주세요. 각각의 육각형에는 모두 한번씩 선이 지나가야 합니다.

보기

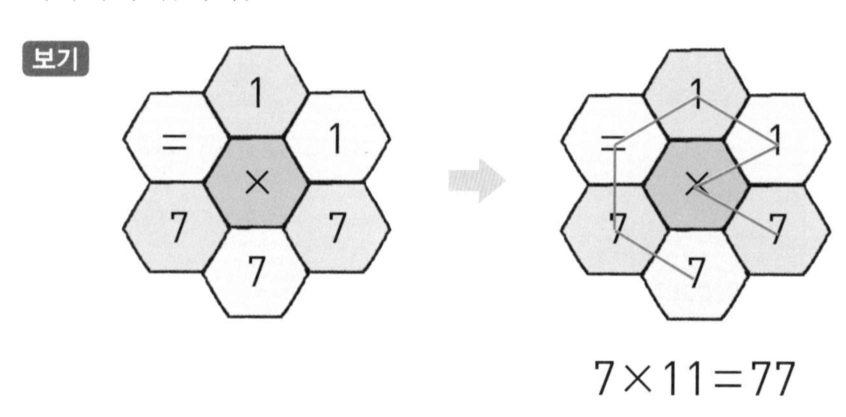

7×11=77

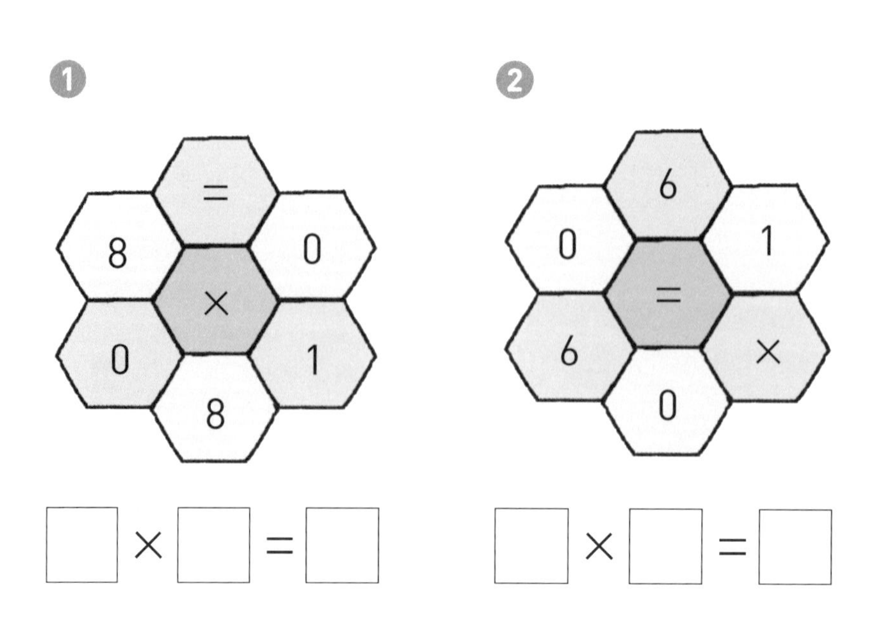

숫자 놀이 2

큰 사각형을 작은 사각형으로 나눠요

그림에서 사각형 한 칸의 넓이는 1입니다. 넓이가 1인 사각형을 15개 붙인 모양의 큰 사각형이 있어요. 이 사각형에 직선을 그어 다시 작은 사각형으로 나누려고 해요. 사각형 안의 수가 나누어진 사각형의 넓이가 되는 거예요. 주어진 수가 써있는 칸을 포함하는 사각형의 넓이가 그 수만큼 되도록 사각형을 그려 보세요. 아래의 보기에서처럼 선을 그어 ②가 있는 곳은 넓이가 2인 사각형으로, ④가 있는 곳은 넓이가 4인 사각형으로, ⑤가 있는 곳은 넓이가 5인 사각형으로 나누면 돼요.

보기

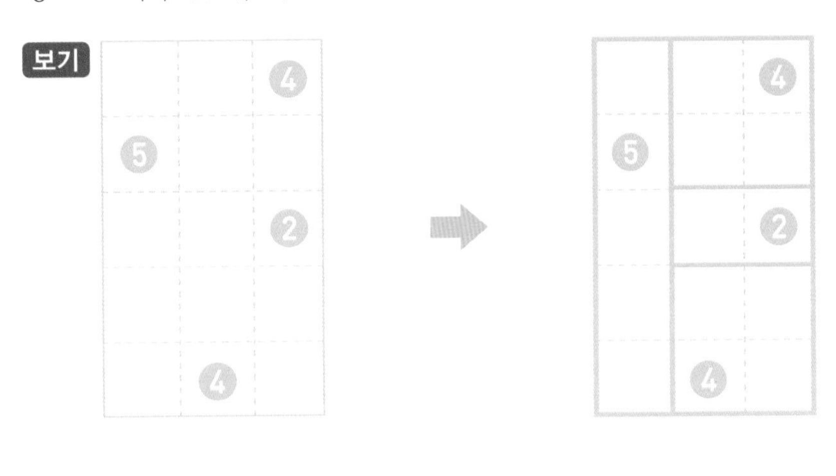

❶

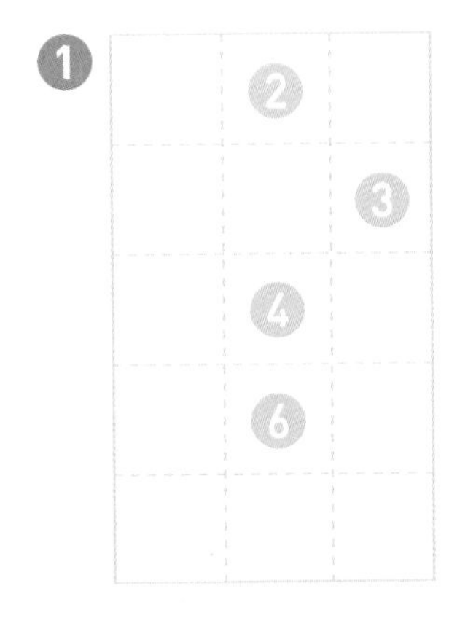

❷

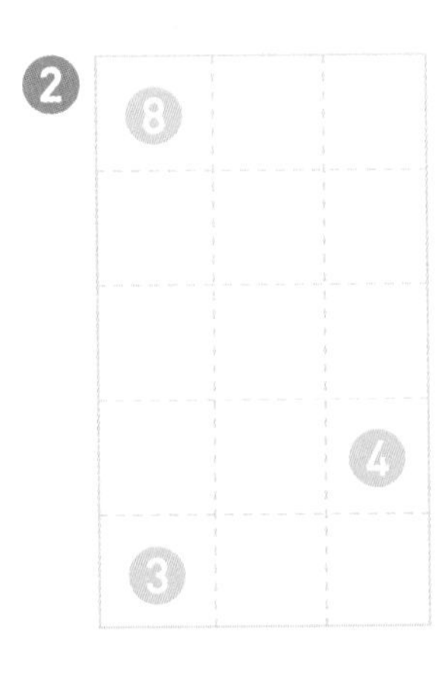

곱셈 사다리 타기를 해요

사다리 타기를 하여 도착한 곳에 곱셈 결과를 쓰세요.

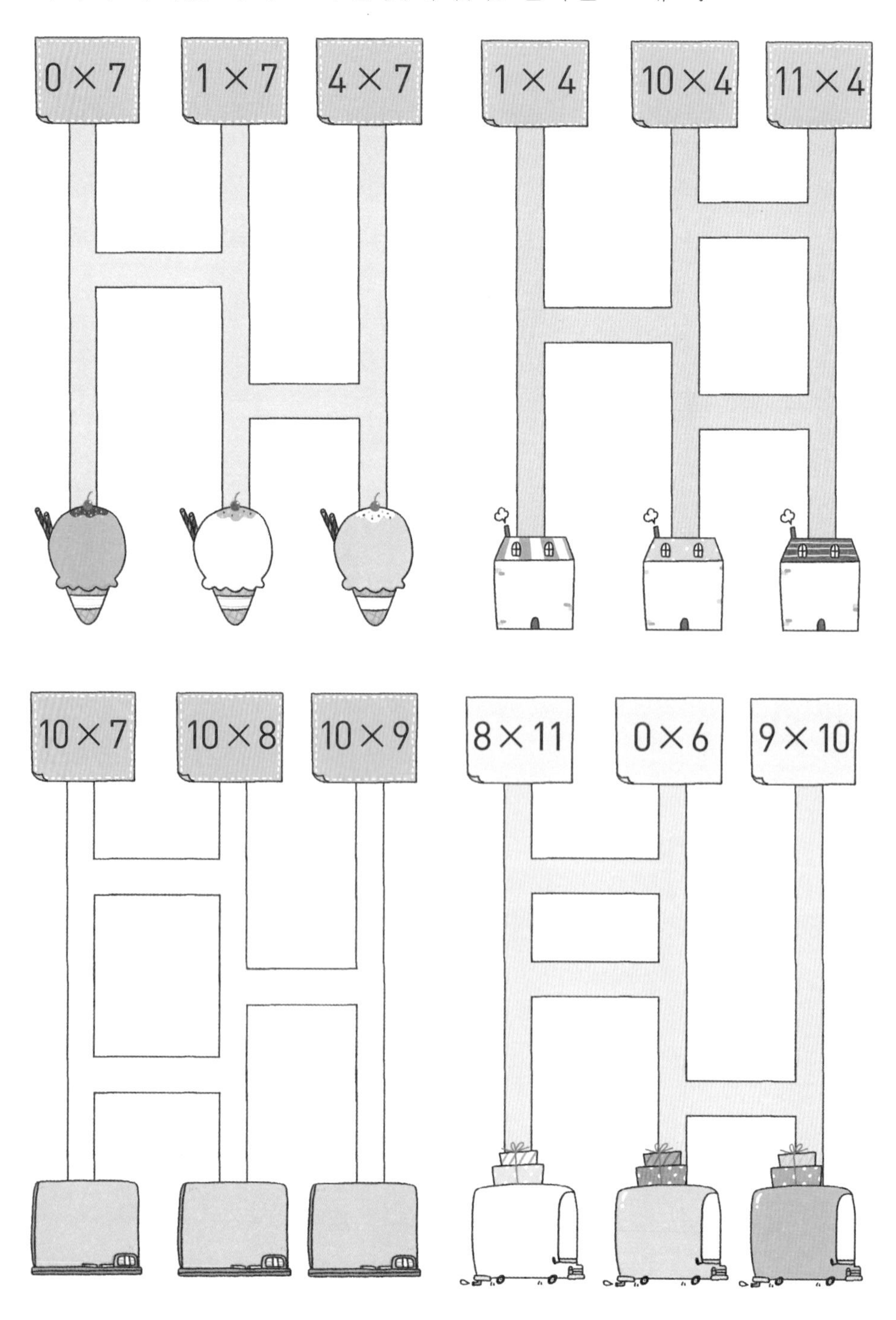

가로, 세로 상자를 채워요

가로, 세로 도움말에 맞추어 아래 빈칸을 채우세요.

가로 도움말	
1. 3×7	**11.** 8×9
2. 3×5	**12.** 5×6
4. 4×9	**14.** 8×4
5. 5×9	**15.** 5×4
8. 7×4	**18.** 2×8
10. 2×7	**20.** 6×3

세로 도움말	
1. 5×5	**12.** 8×4
2. 6×3	**13.** 5×8
3. 7×8	**14.** 4×9
6. 6×9	**16.** 7×6
7. 6×7	**17.** 8×8
9. 9×9	**19.** 9×9

1 곱셈은요

(1) 묶어 세기

1 몇 개일까 | 10~11쪽

1 24

2 24

3 24

4 48

5 6+6+6+6=24

6 4+4+4+4+4+4=24

7 6+6+6+6+6+6+6+6=48

2 묶어 세기 | 12~15쪽

1 3+3+3+3=12

2 4+4+4+4=16

3 2+2=4, 2+2+2=6,
2+2+2+2=8,
2+2+2+2+2=10,
2+2+2+2+2+2=12,
2+2+2+2+2+2+2=14

4 3+3=6, 3+3+3=9,
3+3+3+3=12,
3+3+3+3+3=15,
3+3+3+3+3+3=18,
3+3+3+3+3+3+3=21

5 5, 5+5=10,
5+5+5=15,
5+5+5+5=20,
5+5+5+5+5=25,
5+5+5+5+5+5=30

3 묶음은 결국 뛰어 세기 | 16~19쪽

1 15개
1 – 2 – 3 – 4 – 5 – 6 – 7 – 8 – 9 – 10 –
11 – 12 – 13 – 14 – 15

2 24개
1 – 2 – 3 – 4 – 5 – 6 – 7 – 8 – 9 – 10 –
11 – 12 – 13 – 14 – 15 – 16 – 17 – 18 – 19 – 20 –
21 – 22 – 23 – 24

3 16개
1 – 2 – 3 – 4 – 5 – 6 – 7 – 8 – 9 – 10 –
11 – 12 – 13 – 14 – 15 – 16

4 20개
1 – 2 – 3 – 4 – 5 – 6 – 7 – 8 – 9 – 10 –
11 – 12 – 13 – 14 – 15 – 16 – 17 – 18 – 19 – 20

5 20개
1 – 2 – 3 – 4 – 5 – 6 – 7 – 8 – 9 – 10 –
11 – 12 – 13 – 14 – 15 – 16 – 17 – 18 – 19 – 20

6 12개
1 – 2 – 3 – 4 – 5 – 6 – 7 – 8 – 9 – 10 –
11 – 12

7 24개
1 – 2 – 3 – 4 – 5 – 6 – 7 – 8 – 9 – 10 –
11 – 12 – 13 – 14 – 15 – 16 – 17 – 18 – 19 – 20 –
21 – 22 – 23 – 24

(2) 곱셈

1 묶음은 몇 배 | 20~21쪽

1 5, 2, 2, 2, 2

2 2, 2, 2, 2, 2+2+2+2

3 3, 3, 3, 3, 3+3+3+3

4 6, 6, 6, 6, 24

5 5, 5, 5, 5, 5+5+5+5

2 몇 배는 곱셈 | 22~25쪽

1 3, 15

2 3, 24

3 4, 16

4 4, 4, 4+4+4+4+4

5 5, 5, 5, 5+5+5+5

6 5, 5, 5, 15

7 6, 6, 6, 6+6+6+6

3 곱셈식을 묶음으로 | 26~29쪽

1 3, 3, 9

2 2, 2, 8

3 3, 3, 6

4 5, 2, 2, 10

5 3, 3, 12

6 4, 4, 12

7 5, 5, 15

8 5, 5, 10

9 6, 6, 12

4 여러 줄은 곱셈식으로 | 30~33쪽

1 2, 6

2 3, 9

3 4, 12

4 2, 10

5 3, 15

6 2, 8

7 3, 12

8 5, 20

9 2, 2, 12

10 3, 3, 18

11 4, 4, 24

 어떻게 묶을까 | 34~37쪽

1 4

2 3, 4+4+4

3 5, 5, 10

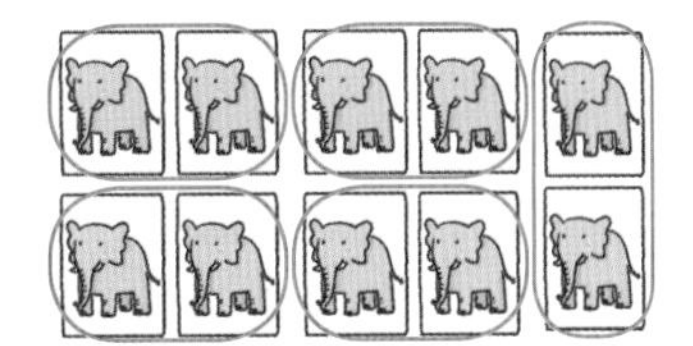

4 2, 2, 5+5

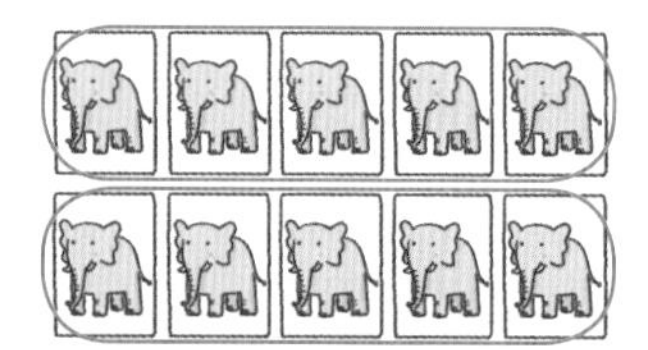

5 4, 4, 20

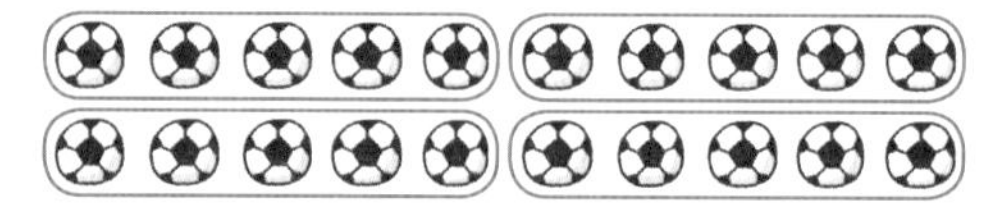

6 2, 2, 20

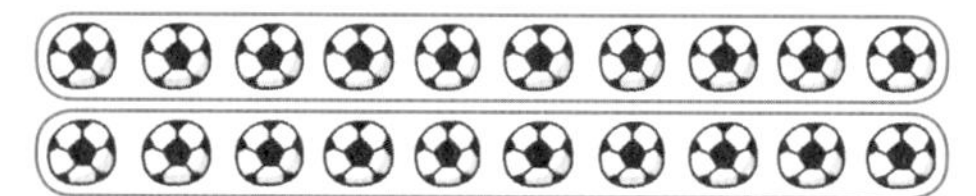

7 5, 5, 20

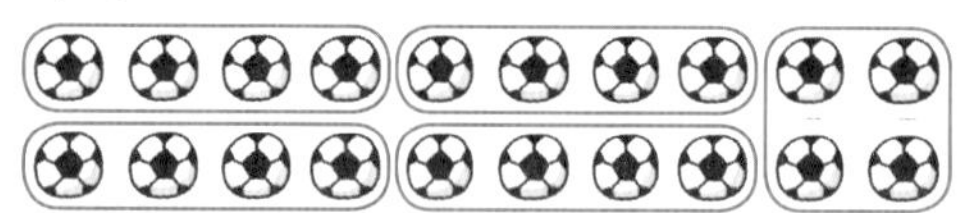

8 6, 6, 24

9 4, 4, 24

10 3, 3, 24

6 덧셈을 곱셈으로 | 38~41쪽

1 2, 6
2 3, 9
3 4, 12
4 5, 15
5 3번 더함, 3, 12
6 5번 더함, 5, 20
7 7번 더함, 7, 35
8 8번 더함, 8, 48
9 9번 더함, 9, 54
10 9번 더함, 9, 63
11 3+3+3+3+3=15
12 6번 더함, 3+3+3+3+3+3=18
13 7번 더함, 3+3+3+3+3+3+3=21
14 8번 더함, 3+3+3+3+3+3+3+3=24
15 9번 더함, 3+3+3+3+3+3+3+3+3=27
16 4+4+4+4=16
17 5번 더함, 4+4+4+4+4=20
18 6번 더함, 4+4+4+4+4+4=24
19 7번 더함, 4+4+4+4+4+4+4=28
20 8번 더함, 4+4+4+4+4+4+4+4=32

연습문제 | 42~47쪽

1. ❶ 2, 2, 10 ❷ 5, 5, 3+3+3, 15
❸ 8, 8, 2+2+2+2+2+2+2+2, 16
2. ❶ 2, 8 ❷ 4, 4, 5+5+5+5, 20
❸ 6, 6, 6+6+6, 18
3. ❶ 4, 5, 5 ❷ 3, 3, 6, 6
4. ❶ 4번 더함, 4, 28 ❷ 7번 더함, 7, 49
❸ 5번 더함, 5, 30 ❹ 7번 더함, 7, 42
❺ 5번 더함, 5, 15 ❻ 9번 더함, 9, 27
5. ❶ 3×6=18 ❷ 4×3=12 ❸ 5×4=20
❹ 7×5=35
6. ❶ 8×3=24, 24쪽 ❷ 6×5=30, 30개
7. 앞머리 내리니까 멋있다

숫자놀이 | 48~51쪽

1. 기호를 넣어요

❶ ×, + ❷ +, × ❸ ×, + ❹ +, ×

❺ +, ×

2. 짝을 지어주세요

❶ ㉠ ❷ ㉢ ❸ ㉣ ❹ ㉡

3. 길을 찾아요

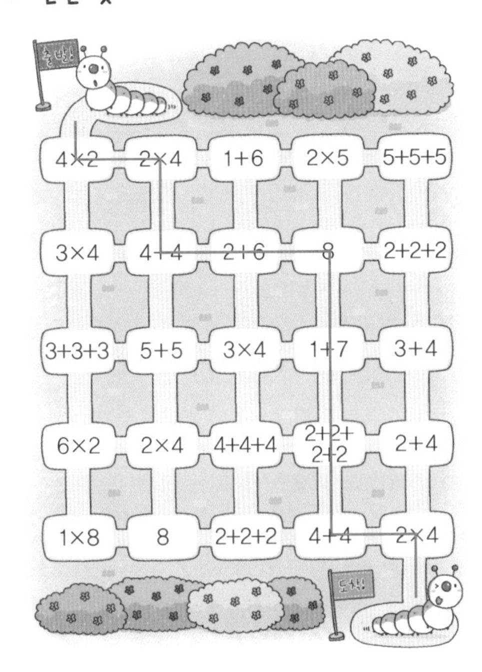

4. 곱셈을 이용해서 세요

❶ 두 가지 방법으로 여러 줄로 놓을 수 있다.

❷ 7×2=14, 2×7=14

정답

2 곱셈구구를 외워요

(1) 2, 3, 4, 5의 단

1 2의 단 | 54~57쪽

1 8, 12, 14, 16, 18

2 4, 4, 6, 6, 8, 4, 4, 8, 10, 5, 12, 6, 12, 14, 7, 14, 16, 8, 8, 16, 18, 9, 9, 18

4

1	11
②	⑫
3	13
④	⑭
5	15
⑥	⑯
7	17
⑧	⑱
9	19
⑩	20

5

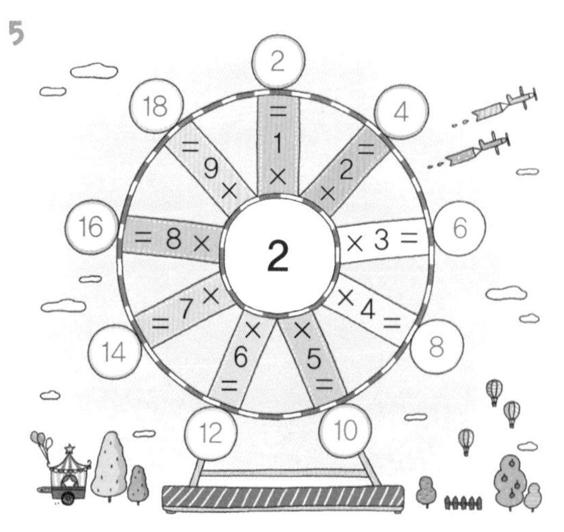

6, 4, 1 / 3, 2, 8 / 7, 9, 5

2 3의 단 | 58~61쪽

1 9, 12, 18, 21, 24, 27

2 6, 6, 9, 9, 12, 4, 4, 12, 15, 5, 18, 6, 18, 21, 7, 21, 24, 8, 8, 24, 27, 9, 9, 27

4

1	11	㉑
2	⑫	22
③	13	23
4	14	㉔
5	⑮	25
⑥	16	26
7	17	㉗
8	⑱	28
⑨	19	29
10	20	30

5

3, 4, 7 / 2, 6, 1 / 9, 5, 8

3 4의 단 | 62~65쪽

1 16, 24, 28, 32, 36

2 8, 8, 12, 12, 16, 4, 4, 16, 20, 5, 24, 6, 24, 28, 7, 28, 32, 8, 8, 32, 36, 9, 9, 36

4

1	11	21	31
2	**(12)**	22	**(32)**
3	13	23	33
(4)	14	**(24)**	34
5	15	25	35
6	**(16)**	26	**(36)**
7	17	27	37
(8)	18	**(28)**	38
9	19	29	39
10	**(20)**	30	40

5

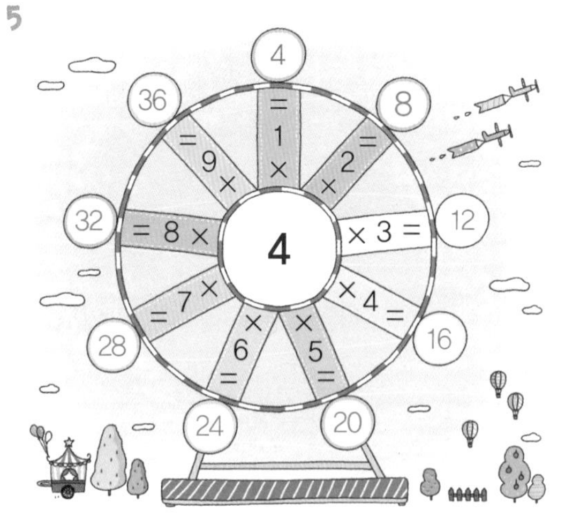

3, 2, 1 / 7, 5, 6 / 4, 8, 9

4 5의 단 | 66~69쪽

1 20, 30, 35, 40, 45

2 10, 10, 15, 15, 20, 4, 4, 20, 25, 5, 30, 6, 30, 35, 7, 35, 40, 8, 8, 40, 45, 9, 9, 45

4

1	11	21	31	41
2	12	22	32	42
3	13	23	33	43
4	14	24	34	44
(5)	**(15)**	**(25)**	**(35)**	**(45)**
6	16	26	36	46
7	17	27	37	47
8	18	28	38	48
9	19	29	39	49
(10)	**(20)**	**(30)**	**(40)**	50

5

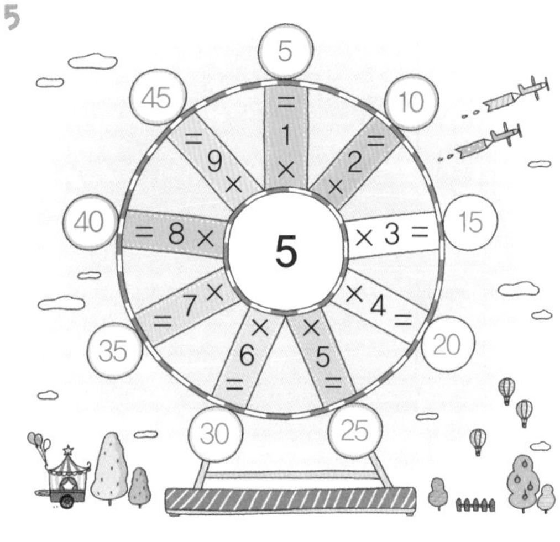

3, 6, 1 / 5, 2, 8 / 9, 4, 7

(2) 6, 7, 8, 9의 단

1 6의 단 | 70~73쪽

1 6, 12, 18, 24, 30

2 삼십육, 사십이, 48, 사십팔, 48, 54, 오십사

3

1	11	21	31	41	51
2	**12**	22	32	**42**	52
3	13	23	33	43	53
4	14	**24**	34	44	**54**
5	15	25	35	45	55
6	16	26	**36**	46	56
7	17	27	37	47	57
8	**18**	28	38	**48**	58
9	19	29	39	49	59
10	20	**30**	40	50	60

4

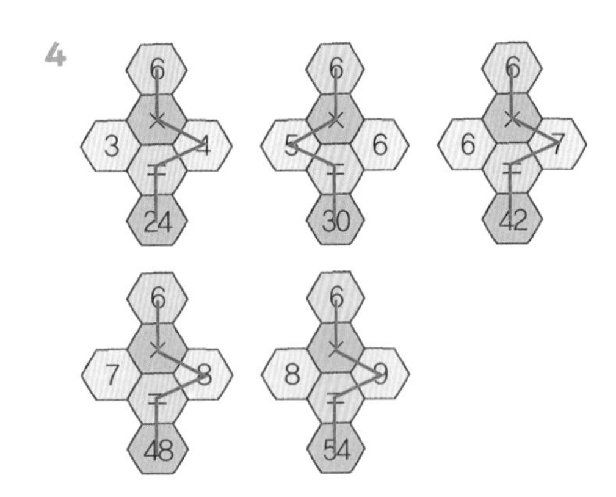

5

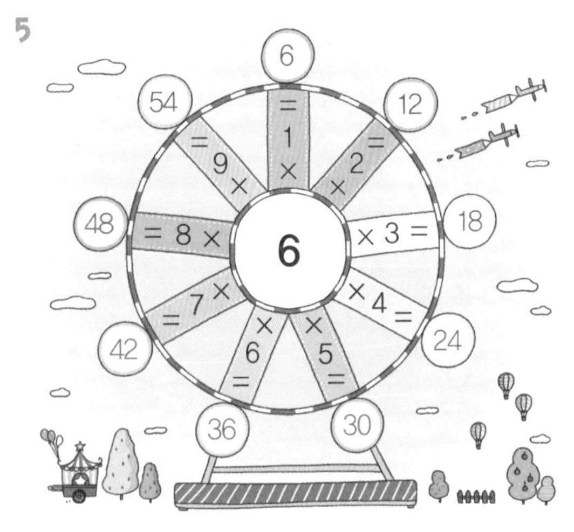

2, 6, 9 / 7, 1, 3 / 5, 4, 8

2 7의 단 | 74~77쪽

1 7, 14, 21, 28, 35, 42

2 사십이, 사십구, 56, 오십육, 56, 63, 육십삼

3

1	11	**21**	31	41	51	61
2	12	22	32	**42**	52	62
3	13	23	33	43	53	**63**
4	**14**	24	34	44	54	64
5	15	25	**35**	45	55	65
6	16	26	36	46	**56**	66
7	17	27	37	47	57	67
8	18	**28**	38	48	58	68
9	19	29	39	**49**	59	69
10	20	30	40	50	60	70

4

5

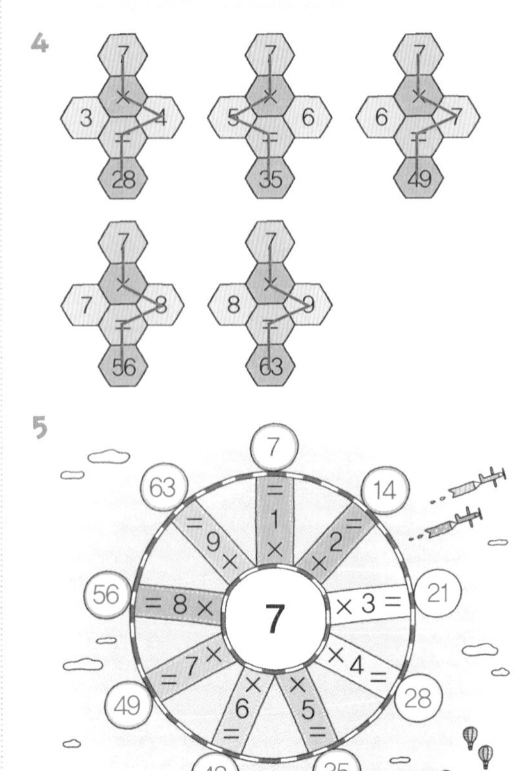

3, 2, 5 / 6, 1, 8 / 7, 9, 4

3 8의 단 | 78~81쪽

1 8, 16, 24, 32, 40, 48, 56

2 64, 육십사, 64, 72, 칠십이

3

1	11	21	31	41	51	61	71
2	12	22	**32**	42	52	62	**72**
3	13	23	33	43	53	63	73
4	14	**24**	34	44	54	**64**	74
5	15	25	35	45	55	65	75
6	**16**	26	36	46	**56**	66	76
7	17	27	37	47	57	67	77
8	18	28	38	**48**	58	68	78
9	19	29	39	49	59	69	79
10	20	30	**40**	50	60	70	80

4

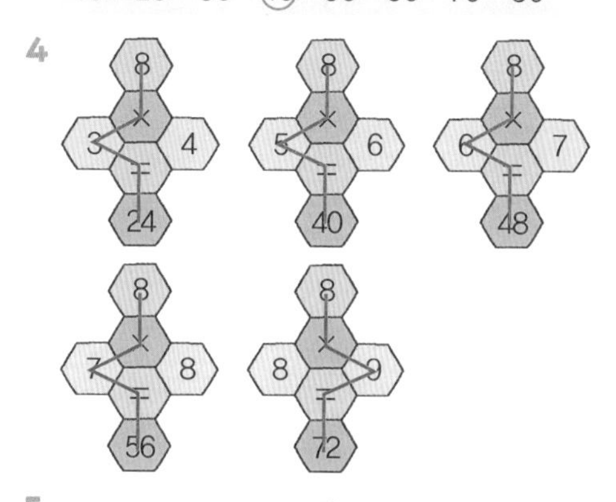

5

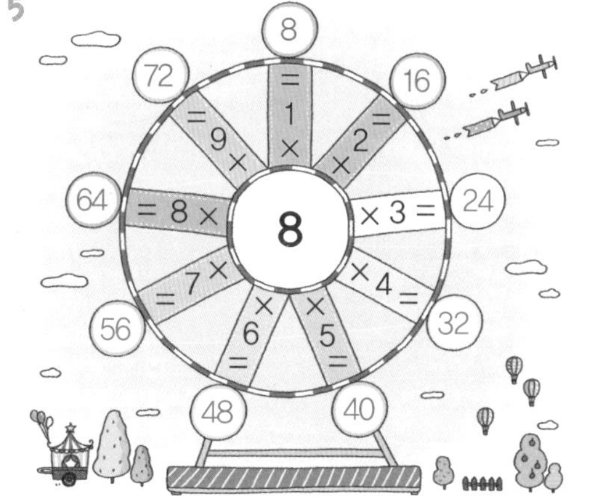

4, 2, 7 / 6, 1, 5 / 3, 9, 8

4 9의 단 | 82~85쪽

1 9, 18, 27, 36, 45, 54, 63, 72

2 칠십이, 81, 팔십일

3

1	11	21	31	41	51	61	71	**81**
2	12	22	32	42	52	62	**72**	82
3	13	23	33	43	53	**63**	73	83
4	14	24	34	44	**54**	64	74	84
5	15	25	35	**45**	55	65	75	85
6	16	26	**36**	46	56	66	76	86
7	17	**27**	37	47	57	67	77	87
8	**18**	28	38	48	58	68	78	88
9	19	29	39	49	59	69	79	89
10	20	30	40	50	60	70	80	90

4

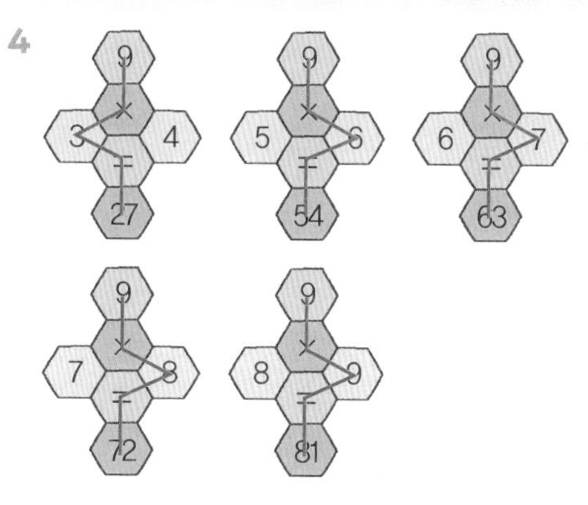

5

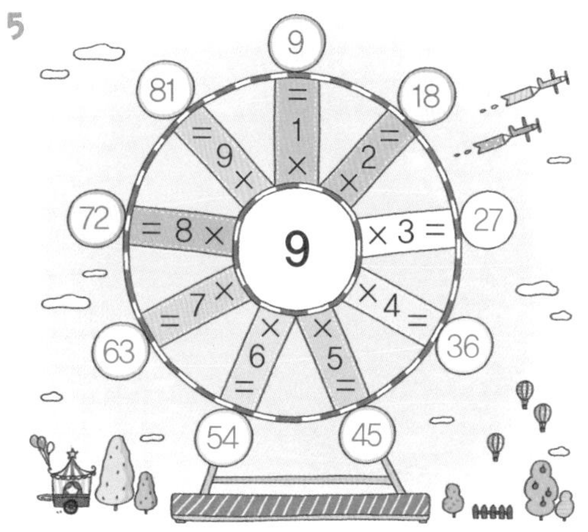

3, 4, 1 / 5, 8, 6 / 2, 7, 9

연습문제 | 86~91쪽

1. ❶ 10, 2 ❷ 15, 3 ❸ 20, 4 ❹ 20, 5
   ❺ 30, 6 ❻ 63, 7 ❼ 24, 8 ❽ 45, 9

2. ❶ 1 2 3 2 1
   2 6 6 2
   12 36 12

   ❷ 1 2 4 2 1
   2 8 8 2
   16 64 16

3. ❶ 4, 6, 4 ❷ 15, 2, 4 ❸ 8, 4, 7
   ❹ 15, 4, 8 ❺ 42, 6, 9 ❻ 14, 3, 6
   ❼ 32, 6, 9 ❽ 27, 4, 6

4. ❶ 3 × 3 = 9
   × 5 = 15

   ❷ 4 × 6 = 24
   5 × 7 = 35

   ❸ 2 × 9 = 18
   3 × 7 = 21

   ❹

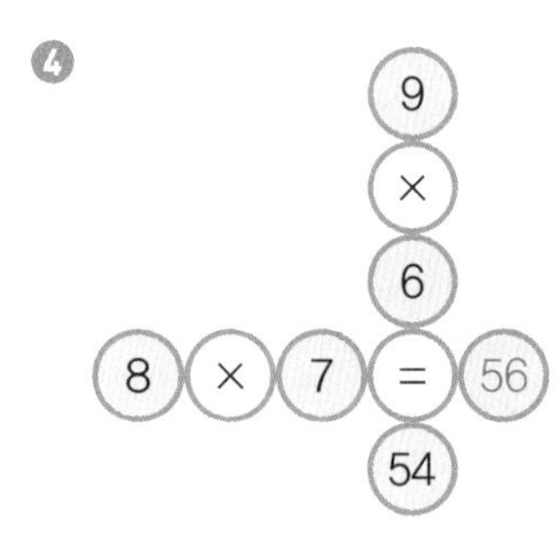

5. ❶ 5, 4, 20 ❷ 3, 5, 15 ❸ 3, 6, 18
   ❹ 4, 3, 12 ❺ 2, 6, 12

6. 삼의 배수가 아니다

숫자놀이 | 92~95쪽

1. 곱셈구구 선을 그려요

❶
14 24 30 27
12 15 21 24
9 5 18 5
3 6 14 24

❷
20 18 32 36
5 15 28 24
8 12 16 20
4 4 2 32

③

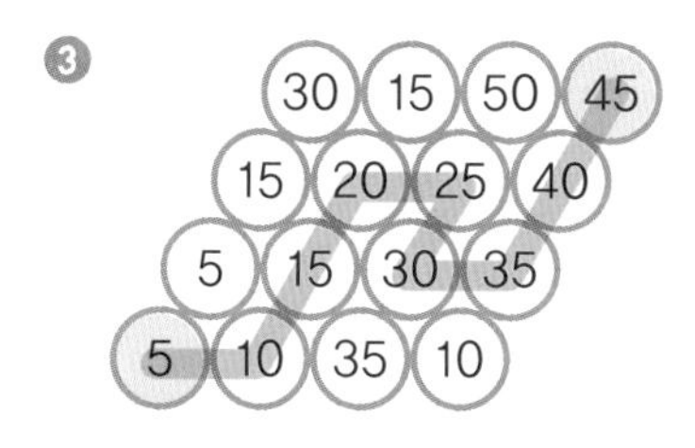

2. 육각형 안에 셈을 만들어요

① 7×8=56

② 4×8=32

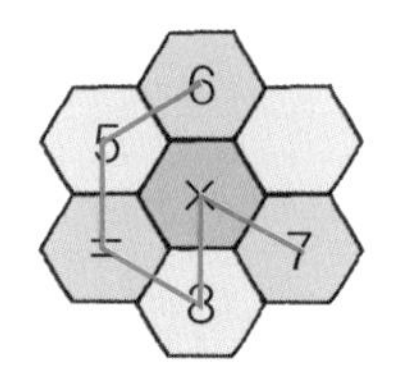

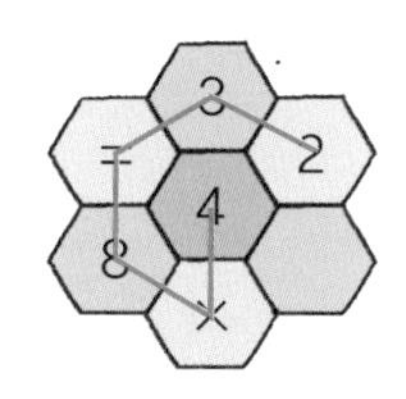

3. 곱셈 사다리 타기를 해요

①

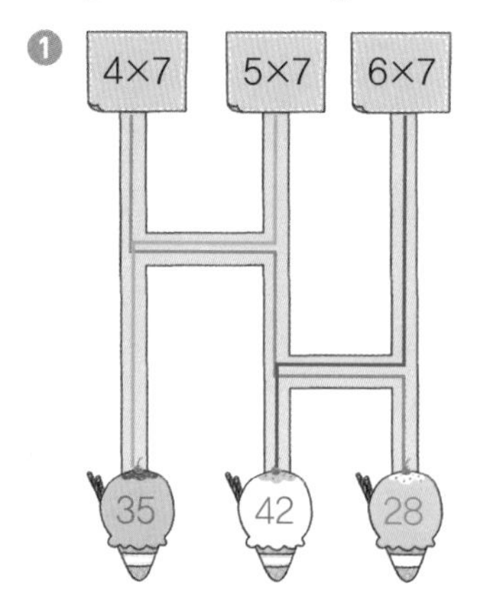

②

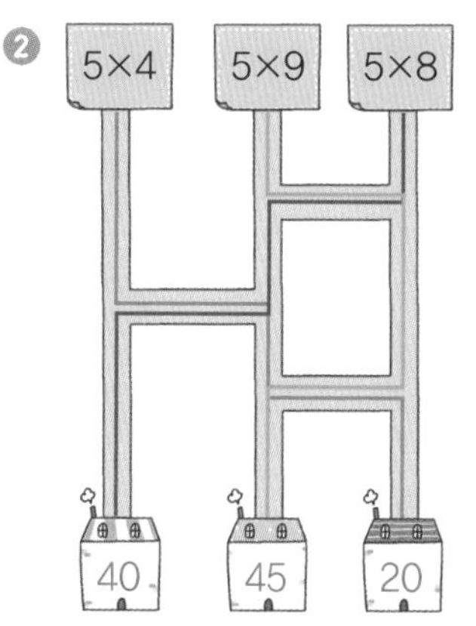

③ ④

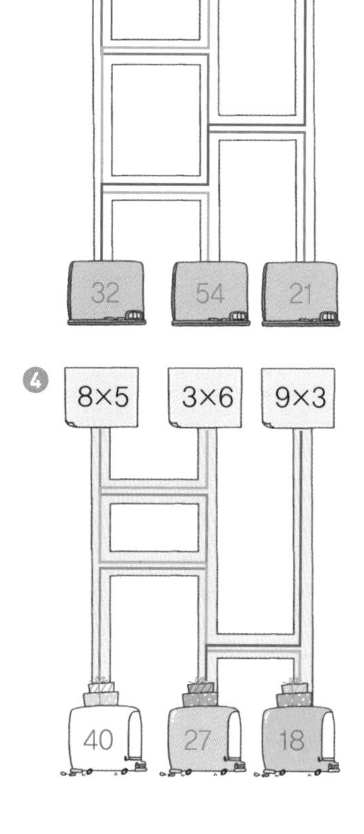

4. 곱을 맞춰요

①

8		4
	2	
4		2

②

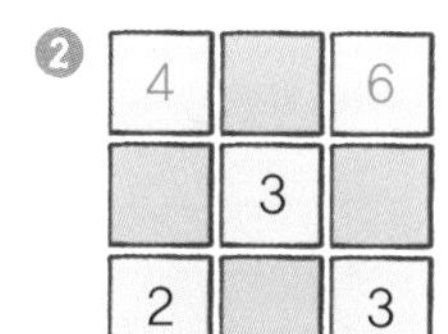

③

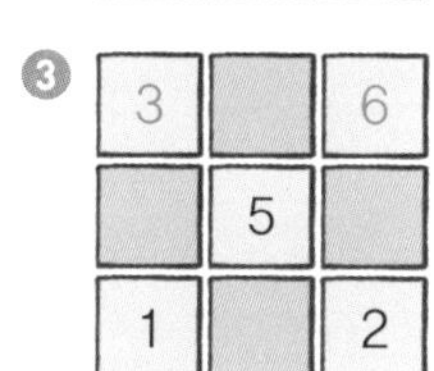

④

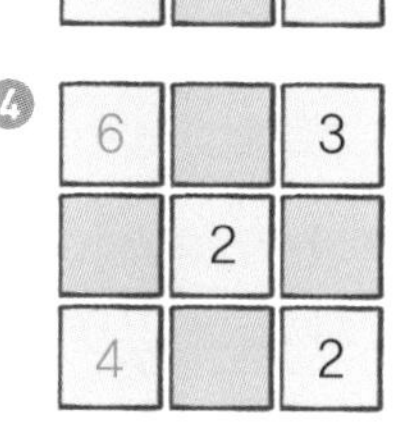

정답

3 곱셈구구 뛰어넘기

(1) 곱셈구구를 넘어

1 1의 단, 0의 단 | 98~99쪽

1 2, 3
2 4, 5
3 6, 7
4 8, 9
5 4, 5
6 6, 7
7 0, 0
8 0, 0
9 0, 0
10 0, 0
11 0, 0
12 0, 0

2 10의 단, 11의 단 | 100~103쪽

1 20, 30
2 40, 50
3 60, 70
4 80, 90
5 40, 50
6 60, 70
7 30, 30
8 40, 40
9 50, 50
10 7, 70
11 8, 80
12 22, 33
13 44, 55
14 66, 77
15 88, 99
16 44, 55
17 66, 77
18 33, 33
19 44, 0
20 55, 0
21 7, 77
22 8, 88

3 제곱수 | 104~105쪽

1 2, 2, 4
2 5, 5, 25
3 6, 6, 36
4 8, 8, 64

(2) 곱셈구구의 비밀

1 9의 단의 비밀 | 106~109쪽

1 4, 5, 45
2 5, 4, 54
3 6, 3, 63
4 7, 2, 72
5 9, 9, 9, 9, 9, 9
6

		4 5		
		5		
1 8	2	9	4	3 6
		3		
		2 7		

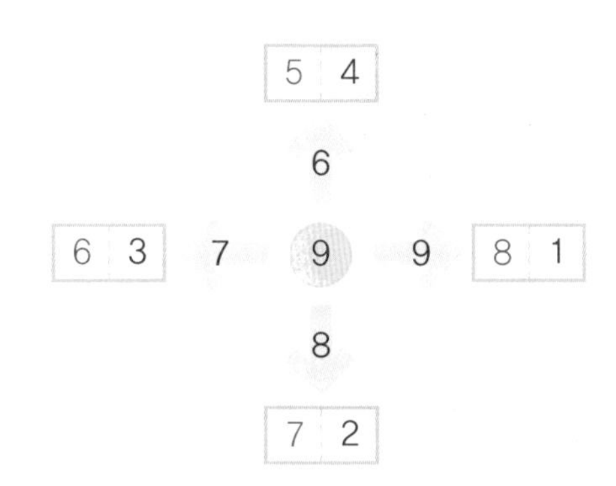

2 손가락 곱셈 | 110~113쪽

1 56

2 64

3 54

4 49

5 72

6 48

7 36

8 42

3 두 배로 하는 곱셈 | 114~117쪽

1 5, 40, 5, 40, 45

2

1	6
2	12
4	24
8	48

6, 48, 6, 48, 54

3

1	7
2	14
4	28
8	56

56, 56

4

1	7
2	14
4	28
8	56

7, 14, 56, 7, 14, 56, 77

5

1	8
2	16
4	32
8	64

8, 16, 32, 56

6 8, 16, 64, 88

7 32, 64, 96

4 곱셈구구의 규칙 | 118~121쪽

1 2

2 6

3

×	2	3	4	5	6	7	8	9
2	4	6	8	10	12	14	16	18
3		9	12	15	18	21	24	27
4			16	20	24	28	32	36
5				25	30	35	40	45
6					36	42	48	54
7						49	56	63
8							64	72
9								81

4

×	2	3	4	5	6	7	8	9
2	4	6	8	10	12	14	16	18
3		9	12	15	18	21	24	27
4			16	20	24	28	32	36
5				25	30	35	40	45
6					36	42	48	54
7						49	56	63
8							64	72
9								81

5

×	2	3	4	5	6	7	8	9
2	4	6	8	10	12	14	16	18
3		9	12	15	18	21	24	27
4			16	20	24	28	32	36
5				25	30	35	40	45
6					36	42	48	54
7						49	56	63
8							64	72
9								81

6 54, 36; 48, 16; 27, 28

7 21, 18; 56, 24; 63, 32

8 6, 4; 8, 4; 8, 6; 6, 9

9

×	2	3	4	5	6	7	8	9
2	4	6	8	10	12	14	16	18
3		9	12	15	18	21	24	27
4			16	20	24	28	32	36
5				25	30	35	40	45
6					36	42	48	54
7						49	56	63
8							64	72
9								81

연습문제 | 122~127쪽

1.

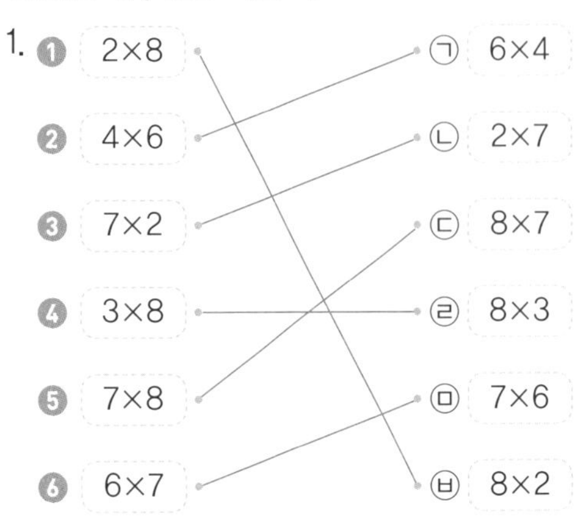

2. ❶

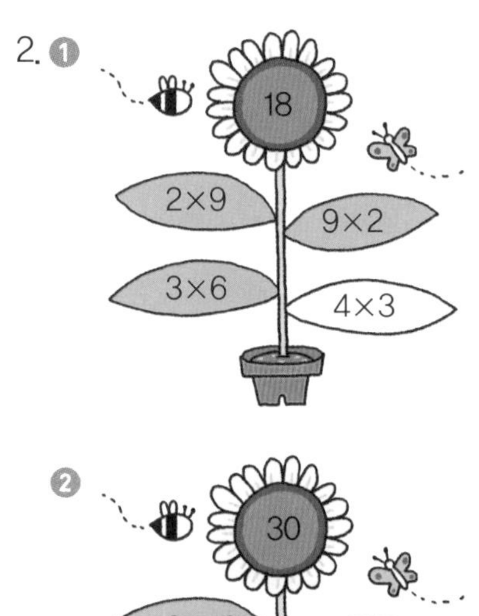

❷

❸

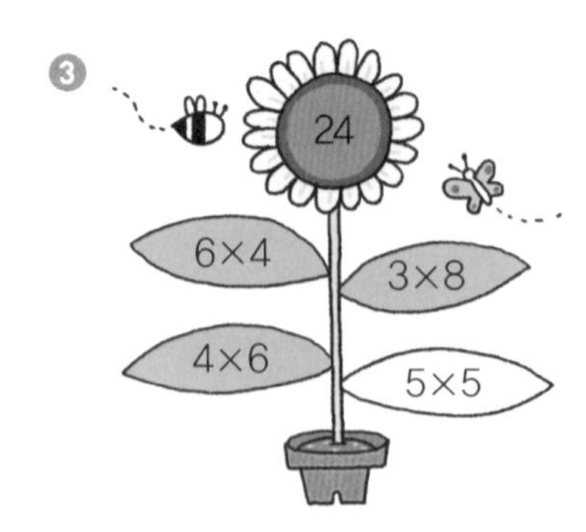

❹

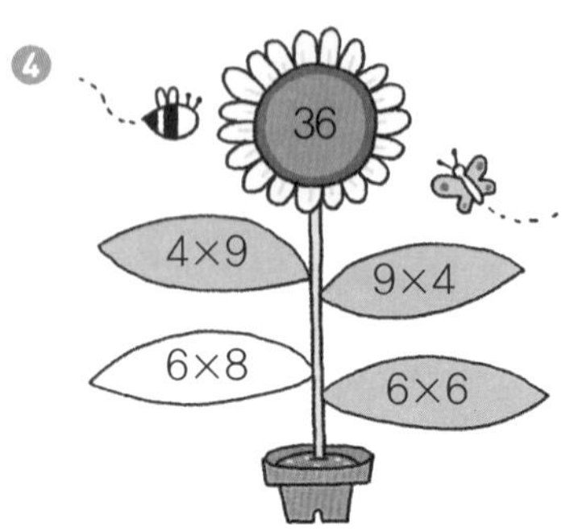

3. ❶ 0, 0, 0, 0, 0, 0
❷ 6, 5, 4, 9, 8, 7
❸ 30, 2, 4, 70, 3, 5
❹ 22, 3, 4, 66, 8, 7

4. ❶
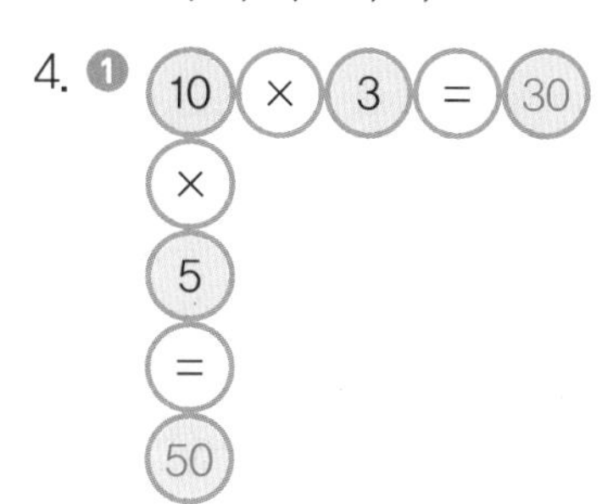

❷
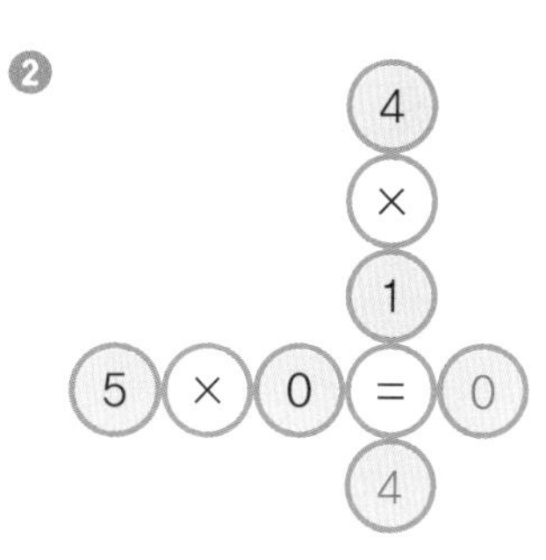

❸
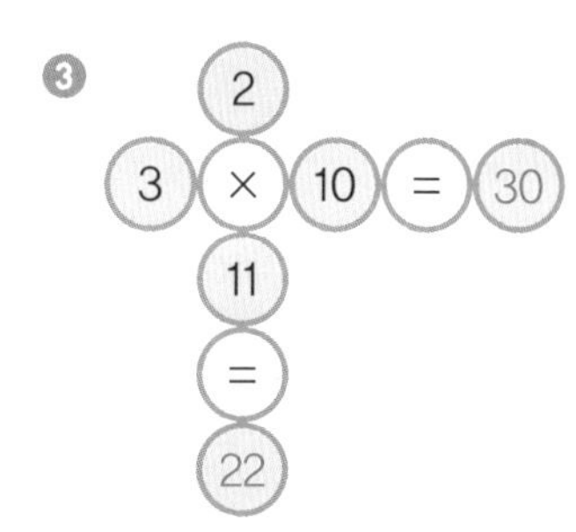

❹
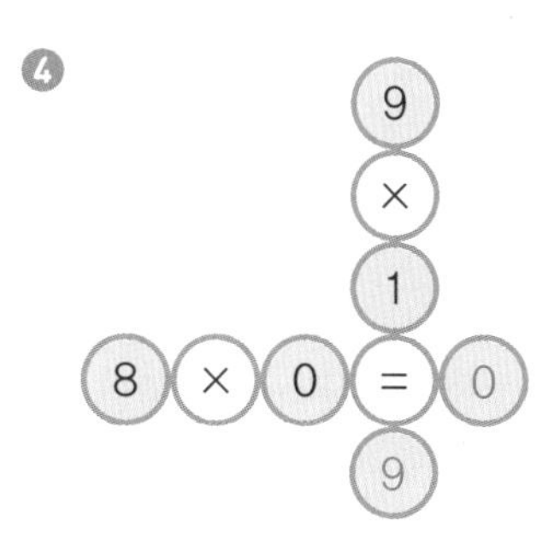

5. ❶ ㉠, ㉣
❷ ㉡, ㉢

6. 영을 곱한다

숫자놀이 | 128~131쪽

1. 육각형 안에 셈을 만들어요

❶ 8×10=80

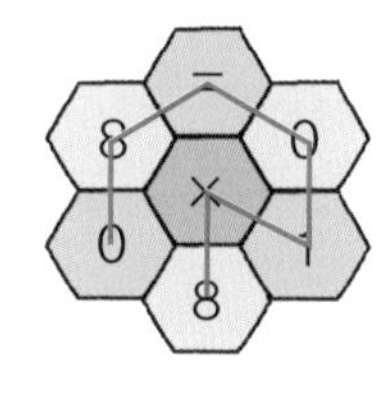

❷ 60×1=60

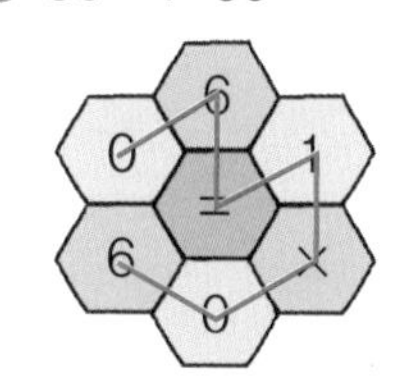

2. 큰 사각형을 작은 사각형으로 나눠요

❶

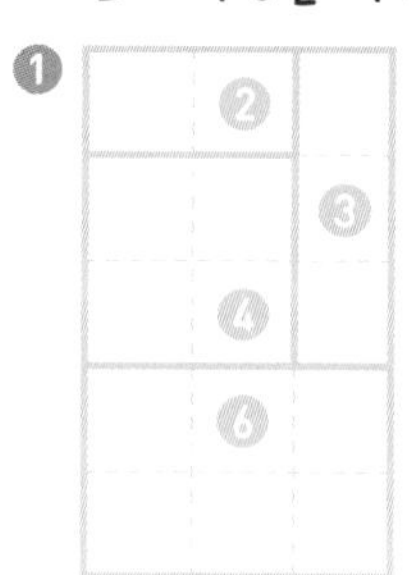

❷

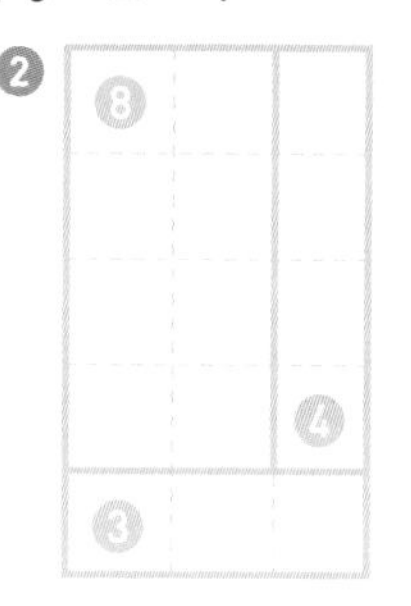

3. 곱셈 사다리 타기를 해요

❶

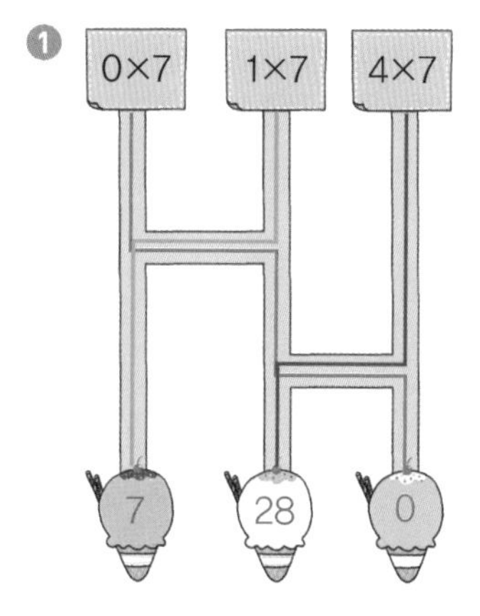

정답

❷

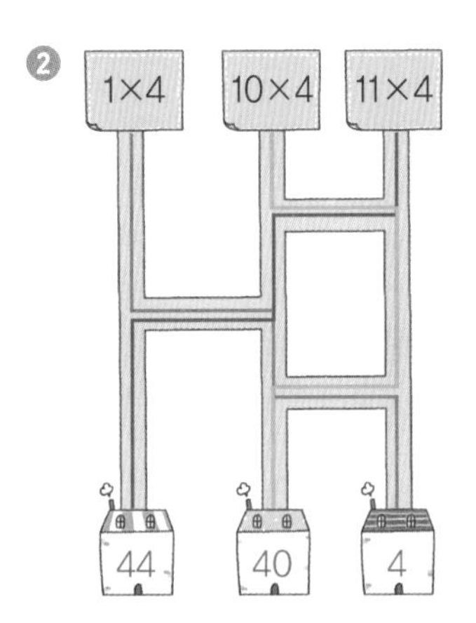

❸

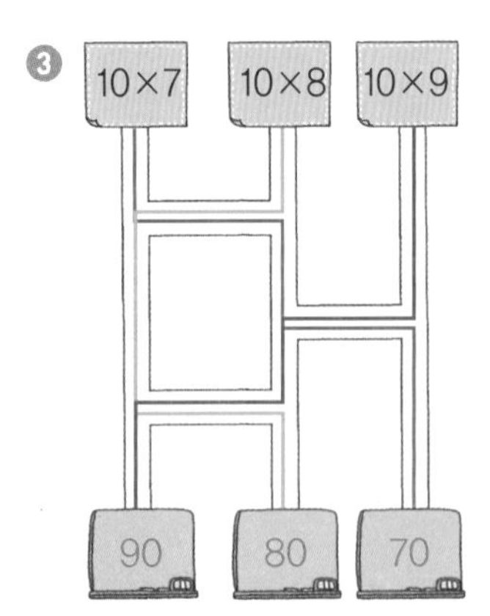

❹

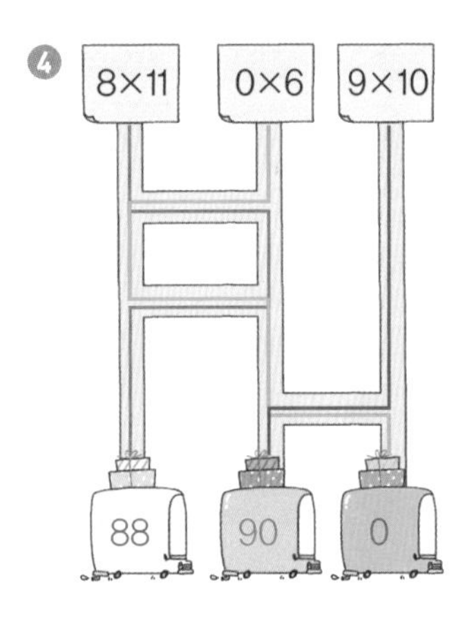

4. 가로, 세로 상자를 채워요

도전!
곱셈구구 급수 문제

곱셈구구 5B급

맞은 개수 / 10

❶ $5+5+5+5=5\times$ ____

❷ $2+2+2+2+2=2\times$ ____

❸ $8+8+8=8\times$ ____

❹ $9+9+9+9+9+9=9\times$ ____

❺ $6+6+6+6+6+6+6=6\times$ ____

❻ $4+4+4+4+4+4+4+4=4\times$ ____

❼ $3+3=3\times$ ____

❽ $1+1+1+1+1=1\times$ ____

❾ $7+7+7+7+7+7=7\times$ ____

❿ $4+4+4+4+4=4\times$ ____

곱셈구구 5A급

맞은 개수 / 10

보기 $3 \times 5 = \underline{3+3+3+3+3}$

❶ $7 \times 2 = 7 +$ ______

❷ $5 \times 3 = 5 +$ ______

❸ $3 \times 4 = 3 +$ ______

❹ $6 \times 4 = 6 +$ ______

❺ $6 \times 5 = 6 +$ ______

❻ $7 \times 6 = 7 +$ ______

❼ $3 \times 6 = 3 +$ ______

❽ $5 \times 7 = 5 +$ ______

❾ $9 \times 8 = 9 +$ ______

❿ $4 \times 9 = 4 +$ ______

곱셈구구 4B급

맞은 개수 / 16

1. $5 \times 4 =$
2. $2 \times 3 =$
3. $3 \times 2 =$
4. $4 \times 2 =$
5. $2 \times 4 =$
6. $5 \times 2 =$
7. $5 \times 3 =$
8. $4 \times 3 =$
9. $3 \times 3 =$
10. $2 \times 5 =$
11. $5 \times 1 =$
12. $3 \times 5 =$
13. $4 \times 4 =$
14. $4 \times 1 =$
15. $4 \times 5 =$
16. $3 \times 4 =$

곱셈구구 4A급

맞은 개수 / 16

1. $2 \times \_\_\_\_ = 6$
2. $\_\_\_\_ \times 5 = 20$
3. $5 \times \_\_\_\_ = 15$
4. $\_\_\_\_ \times 3 = 12$
5. $4 \times \_\_\_\_ = 8$
6. $\_\_\_\_ \times 4 = 8$
7. $5 \times \_\_\_\_ = 10$
8. $\_\_\_\_ \times 5 = 15$
9. $5 \times \_\_\_\_ = 20$
10. $\_\_\_\_ \times 4 = 16$
11. $4 \times \_\_\_\_ = 4$
12. $\_\_\_\_ \times 1 = 5$
13. $3 \times \_\_\_\_ = 6$
14. $\_\_\_\_ \times 4 = 12$
15. $3 \times \_\_\_\_ = 9$
16. $\_\_\_\_ \times 5 = 10$

곱셈구구 3B급

맞은 개수 / 16

1. $6 \times 7 =$
2. $8 \times 6 =$
3. $9 \times 9 =$
4. $7 \times 9 =$
5. $7 \times 7 =$
6. $6 \times 8 =$
7. $9 \times 6 =$
8. $8 \times 8 =$
9. $6 \times 9 =$
10. $9 \times 7 =$
11. $8 \times 7 =$
12. $7 \times 8 =$
13. $8 \times 9 =$
14. $6 \times 6 =$
15. $7 \times 6 =$
16. $9 \times 8 =$

곱셈구구 3A급

맞은 개수 / 16

❶ $9 \times$ ____ $= 54$

❷ ____ $\times 8 = 64$

❸ $6 \times$ ____ $= 42$

❹ ____ $\times 6 = 36$

❺ $9 \times$ ____ $= 81$

❻ ____ $\times 8 = 72$

❼ $8 \times$ ____ $= 56$

❽ ____ $\times 8 = 56$

❾ $7 \times$ ____ $= 63$

❿ ____ $\times 6 = 48$

⓫ $6 \times$ ____ $= 54$

⓬ ____ $\times 7 = 63$

⓭ $7 \times$ ____ $= 42$

⓮ ____ $\times 8 = 48$

⓯ $7 \times$ ____ $= 49$

⓰ ____ $\times 9 = 72$

곱셈구구 2B급

맞은 개수 / 16

1. $2 \times 7 =$
2. $8 \times 6 =$
3. $5 \times 9 =$
4. $3 \times 9 =$
5. $7 \times 7 =$
6. $6 \times 8 =$
7. $9 \times 6 =$
8. $8 \times 8 =$
9. $2 \times 9 =$
10. $5 \times 7 =$
11. $4 \times 7 =$
12. $3 \times 8 =$
13. $8 \times 9 =$
14. $6 \times 6 =$
15. $7 \times 6 =$
16. $4 \times 8 =$

곱셈구구 2A급

맞은 개수 / 16

1. $2 \times \_\_\_\_ = 12$
2. $\_\_\_\_ \times 9 = 72$
3. $5 \times \_\_\_\_ = 40$
4. $\_\_\_\_ \times 7 = 21$
5. $7 \times \_\_\_\_ = 28$
6. $\_\_\_\_ \times 9 = 54$
7. $9 \times \_\_\_\_ = 36$
8. $\_\_\_\_ \times 7 = 63$
9. $2 \times \_\_\_\_ = 14$
10. $\_\_\_\_ \times 7 = 28$
11. $4 \times \_\_\_\_ = 32$
12. $\_\_\_\_ \times 8 = 56$
13. $8 \times \_\_\_\_ = 24$
14. $\_\_\_\_ \times 6 = 48$
15. $7 \times \_\_\_\_ = 42$
16. $\_\_\_\_ \times 5 = 20$

곱셈구구 1B급

맞은 개수 / 16

❶ $2 \times 10 =$

❷ $8 \times 11 =$

❸ $5 \times 0 =$

❹ $3 \times 0 =$

❺ $7 \times 10 =$

❻ $6 \times 11 =$

❼ $10 \times 6 =$

❽ $0 \times 8 =$

❾ $1 \times 9 =$

❿ $11 \times 5 =$

⓫ $1 \times 7 =$

⓬ $0 \times 8 =$

⓭ $11 \times 9 =$

⓮ $10 \times 6 =$

⓯ $7 \times 11 =$

⓰ $4 \times 10 =$

곱셈구구 1A급

맞은 개수 / 16

1. $6 \times \_\_\_\_ = 60$
2. $\_\_\_\_ \times 11 = 55$
3. $9 \times \_\_\_\_ = 0$
4. $\_\_\_\_ \times 1 = 9$
5. $2 \times \_\_\_\_ = 20$
6. $\_\_\_\_ \times 11 = 88$
7. $10 \times \_\_\_\_ = 70$
8. $\_\_\_\_ \times 7 = 0$
9. $1 \times \_\_\_\_ = 4$
10. $\_\_\_\_ \times 4 = 44$
11. $1 \times \_\_\_\_ = 8$
12. $\_\_\_\_ \times 8 = 0$
13. $11 \times \_\_\_\_ = 77$
14. $\_\_\_\_ \times 3 = 30$
15. $4 \times \_\_\_\_ = 44$
16. $\_\_\_\_ \times 10 = 80$

5B

1 4 **2** 5 **3** 3 **4** 6 **5** 7
6 8 **7** 2 **8** 5 **9** 6 **10** 5

5A

1 7 **2** 5+5 **3** 3+3+3
4 6+6+6 **5** 6+6+6+6 **6** 7+7+7+7+7
7 3+3+3+3+3 **8** 5+5+5+5+5+5
9 9+9+9+9+9+9+9 **10** 4+4+4+4+4+4+4+4

4B

1 20 **2** 6 **3** 6 **4** 8 **5** 8 **6** 10 **7** 15
8 12 **9** 9 **10** 10 **11** 5 **12** 15 **13** 16 **14** 4
15 20 **16** 12

4A

1 3 **2** 4 **3** 3 **4** 4 **5** 2 **6** 2 **7** 2
8 3 **9** 4 **10** 4 **11** 1 **12** 5 **13** 2 **14** 3
15 3 **16** 2

3B

1 42 **2** 48 **3** 81 **4** 63 **5** 49 **6** 48 **7** 54
8 64 **9** 54 **10** 63 **11** 56 **12** 56 **13** 72 **14** 36
15 42 **16** 72

3A

1 6 **2** 8 **3** 7 **4** 6 **5** 9 **6** 9 **7** 7
8 7 **9** 9 **10** 8 **11** 9 **12** 9 **13** 6 **14** 6
15 7 **16** 8

2B

1 14 **2** 48 **3** 45 **4** 27 **5** 49 **6** 48 **7** 54
8 64 **9** 18 **10** 35 **11** 28 **12** 24 **13** 72 **14** 36
15 42 **16** 32

2A

1 6 **2** 8 **3** 8 **4** 3 **5** 4 **6** 6 **7** 4
8 9 **9** 7 **10** 4 **11** 8 **12** 7 **13** 3 **14** 8
15 6 **16** 4

1B

1 20 **2** 88 **3** 0 **4** 0 **5** 70 **6** 66 **7** 60
8 0 **9** 9 **10** 55 **11** 7 **12** 0 **13** 99 **14** 60
15 77 **16** 40

1A

1 10 **2** 5 **3** 0 **4** 9 **5** 10 **6** 8 **7** 7
8 0 **9** 4 **10** 11 **11** 8 **12** 0 **13** 7 **14** 10
15 11 **16** 8

남호영 지음

어릴 적부터 작가를 꿈꾸었으나 서울대학교 수학교육과에서 공부하여 수학교사가 되었습니다.
현재는 고등학교에서 수학교사로 아이들과 만나고 있습니다.
그런 한편으로 학생들에게 수학의 힘과 매력을 느끼게 하기 위해
10년 넘게 전국수학교사모임에서 수학 선생님들과 함께 고민을 나누고 있습니다.
지은 책으로는 〈우리가 사용하는 수〉, 〈다면체와 구〉, 〈파이-4천 년 역사의 흔적〉(공저),
〈영재 교육을 위한 창의력 수학 Ⅰ, Ⅱ〉(공저), 〈한 권으로 끝내는 수리논술〉(공저),
〈원의 비밀을 찾아라〉 등이 있습니다.

양민희(량군) 그림

여행과 그림 그리기를 좋아하는 말 느린 그림쟁이 량군 입니다.
프리랜서 일러스트레이터로 활동하며 책과 사람들을 만나고 있습니다.
량군의 그림을 필요로 하고, 어울리는 곳에서 즐겁게 작업하고 있습니다.
〈김연아의 7분 드라마〉, 〈넥서스 Enjoy 여행 시리즈〉 등의 단행본을 비롯해,
다수의 교과서와 학습서에 그림을 그렸습니다.

공부 기본기

초등수학 연산력 곱셈구구

1판 1쇄 발행 2014년 1월 5일

지은이 남호영
그린이 양민희

펴낸이 이재성
기획편집 이희정
디자인 나는물고기
마케팅 이상준

펴낸곳 북아이콘
등록 제313-2012-88호
주소 150-038 서울시 영등포구 영등포동 8가 92 KnK디지털타워 1102호
전화 (02)309-9597 **팩스** (02)6008-6165
메일 bookicon99@naver.com

ISBN 978-89-98160-04-3 63410